U0253541

海洋渔业资源与生态环境修复研究

陈 治 王海山 / 著

東北林業大學出版社
Northeast Forestry University Press
· 哈尔滨 ·

图书在版编目（CIP）数据

海洋渔业资源与生态环境修复研究 / 陈治，王海山著. — 哈尔滨：东北林业大学出版社，2022.10

ISBN 978-7-5674-2855-3

Ⅰ. ①海… Ⅱ. ①陈… ②王… Ⅲ. ①海洋渔业—水产资源—资源保护—研究②海洋渔业—水产资源—海洋环境—生态环境保护—研究 Ⅳ. ① S931 ② X145

中国版本图书馆 CIP 数据核字（2022）第 183522 号

责任编辑：任兴华

封面设计：马静静

出版发行：东北林业大学出版社

（哈尔滨市香坊区哈平六道街 6 号 邮编：150040）

印　　装：北京亚吉飞数码科技有限公司

开　　本：787 mm × 1092 mm 1/16

印　　张：14.25

字　　数：226 千字

版　　次：2023 年 6 月第 1 版

印　　次：2023 年 6 月第 1 次印刷

书　　号：ISBN 978-7-5674-2855-3

定　　价：57.00 元

如发现印装质量问题，请与出版社联系调换。（电话：0451-82113296 82191620）

前　言

人类的生存和发展始终与自然资源密切相关。随着科学技术的进步,人类对自然资源的认识和开发利用程度逐渐加深。从古到今,人类对自然资源的认识和开发利用历史,由单一地面转向地面、地下兼顾,由单一陆地转向陆海兼顾。人们将目光投向了海洋,认识、研究和开发海洋。21 世纪被誉为海洋世纪,如何开发利用海洋应是人类社会认真思考的大问题。

海洋为人类提供了丰富的生物资源,在海洋里生存着 20 余万种生物,海水中的鱼类、贝类、藻类等是人类重要的食品。海底蕴藏着丰富的金属资源,蕴藏着占世界可开采储量 45% 左右的石油,海底表层分布着丰富的矿藏。近年来研究发现"可燃冰"是一种清洁能源。波涛汹涌的海水蕴藏着各种巨大的能量,潮汐能、温差能均是清洁能源,其开发利用对温室气体减排具有重要意义。同时,海洋也是整个地球生态系统的重要分解者,大量废水最终进入近海,依靠海洋的环境容量稀释、降解污染物,保持地球生态系统的平衡。

然而,人类向海洋索取资源、能源和利用海洋的同时,也对海洋产生了影响。陆源污染物的排放、海水养殖、海洋运输等导致大量污染物排入大海,造成了污染。

海洋渔业资源作为自然资源的重要组成部分,其在全球粮食安全、经济和社会发展方面发挥着至关重要的作用。海洋渔业每年为人类提供约 8×10^{7} t 水产品,并为 2.6 亿人提供全职或兼职就业机会。随着科学技术的发展和市场需求的不断扩大,海洋渔业在过去的 60 年内快速发展,高捕捞强度导致目前全球 1/3 的鱼类种群处于过度开发或衰退状态。全球范围内渔业资源的持续衰退预示着海洋生态系统正面临严峻的考验,为了使海洋渔业资源能够为不断增长的世界人口持续地在营养、经济和社会利益等方面做出贡献，其可持续利用及生态环境修复在全球范围内引起了广泛重视。

全书共8章，内容涉及海洋渔业资源概况，海洋鱼类资源，海洋贝类、甲壳类、藻类、海兽类资源，海洋渔业资源可持续利用问题，海洋环境问题及生态破坏现状，海洋生境修复，海洋渔业资源修复，海洋生态系统修复。这些内容的阐述，旨在引起人们对海洋生态问题的关注，倡导大家团结起来共同守护我们的蓝色家园。

本书主要阐述了近年来海洋生态保护与修复方面的技术方法和实践应用，希望为我国沿海地区海洋生物多样性保护，海洋生物资源恢复以及海岛、海湾、海岸线的整治、修复等提供可借鉴的研究思路和技术方法，共同推动海洋经济与环境资源的可持续发展，实现人海和谐共存。

本书结构合理，条理清晰，内容丰富新颖，具有较强的可读性及参考价值，可供从事海洋资源、生态环境保护的科技工作者参考使用。

本书由国家自然科学基金青年科学基金项目(32002389)、海南省自然科学基金高层次人才项目(422RC717)、海南热带海洋学院引进人才科研启动资助项目(RHDRC201907)资助出版。全书共计22.6万字，其中第一章至第五章(共计11.9万字)由海南热带海洋学院陈治完成，第六章至第八章(共计10.7万字)由海南热带海洋学院王海山完成。由于海洋渔业资源种类繁多，性质各异，海洋渔业资源的研究和生态环境的修复涉及多学科的知识，加之笔者水平和时间有限，书中难免有不足之处，敬请广大读者批评指正。

作　者

2022年6月

目　　录

第一章

海洋渔业资源概况

海洋渔业是海洋产业的重要内容之一，是捕捞和养殖海洋鱼类及其他海洋经济动植物以获取水产品的生产活动，包括海水养殖、海洋捕捞等活动。从生产海域来看，海洋渔业可分为沿岸渔业、浅海滩涂渔业、近海渔业、外海渔业和远洋渔业。

第一节　世界海洋渔业资源概况

渔业资源是指水域中蕴藏的经济动植物的群体数量，包括鱼类、甲壳类、软体动物类、水生哺乳动物及其他水生动物、水生植物（主要是藻类）等。

迄今为止，人们发现世界水域的鱼类种类多达 2.5 万 ~3.0 万种。据学者 D.M.Cohen 以前研究结果表明，世界共有鱼类 2 万余种，其中淡水鱼类 8 275 种，占 41.2%；海洋鱼类 11 675 种，占 58.2%，还有海淡水相间的潮河性鱼类 115 种，占 0.6%。在海洋鱼类中，200 m 水深以内的冷水性鱼类 1 130 种，暖水性鱼类 8 000 种，合计 9 130 种，占海洋鱼类总数的 45.5%；从大陆架到 250 m 以内深水底栖鱼类为 1 280 种，占

6.4%；200 m 水深以上的海洋，上层鱼类 255 种，占 1.3%；200 m 以上的深海远洋鱼类 1 010 种，占 5.0%。

鱼类的新种还在不断发现，世界水域每年发现的新种大致为 75~100 种。就鱼种组成看，软骨鱼类有 515~555 种，种类和数量在逐渐减少；硬骨鱼类 19 135~20 980 种，种类和数量在逐渐增加。硬骨鱼类中，以鲱形目、鲤形目和鲈形目数量最多。

现代世界渔业特别是公海渔业中令人关切的是公海大洋性资源的种类。据联合国粮农组织统计，目前贮存数据库中的公海大洋性资源有 400 种，其中头足类 50 种，鲨鱼类 40 种，海洋哺乳动物 60 种，鱼类 230 种。根据生态习性，公海大洋性资源又分为跨界鱼类种群和高度洄游鱼类种群。所谓跨界鱼类种群，是指其生态分布既存在于专属经济区之内，也存在于专属经济区之外的公海的种群，如北太平洋的狭鳕，西南大西洋的胸棘鲷，东太平洋的大型柔鱼，西北大西洋的鳕类、鲽类、鲈鲉等，东北大西洋蓝鳕、平鲉、鳕、黑线鳕、格陵兰鲽，大西洋中、西部的飞鱼、鲯鳅、刺鲅、鲣、大西洋蓝枪鱼、马鲛，西南大西洋的阿根廷无须鳕、南蓝鳕、法氏突吻鳕、阿根廷短鳍柔鱼等。此外还有西北大西洋的柔鱼、东南大西洋的竹荚鱼及地中海的上层及底层鱼也属于跨界鱼类。所谓高度洄游鱼类，是指在专属经济区与公海之间或与大洋之间进行大范围洄游的种群，包括金枪鱼类 9 种，旗鱼类 12 种，近缘金枪鱼类 2 种，秋刀鱼类 4 种，以及大洋性的头足类、鲨鱼类、鲯鳅、鲳科鱼类等。有些鱼类可能同时被列为跨界鱼类种群和高度洄游鱼类种群。

一、世界渔业区划分

为了研究和了解渔业资源分布与生产概况，世界粮农组织（FAO）制定了世界渔业分区。本书以其为基础，分别简要介绍各主要渔业区的分布与特点。

（一）太平洋

1. 西北太平洋区

FAO61 区，位于东亚以东，北纬 20° 以北，西经 175° 以西，与亚洲和西伯利亚海岸线相交的区域，还包括北纬 15° 以北、西经 115° 以西的亚洲沿南纬20°以南的部分水域。本区包括许多群岛、半岛，把它分成几个半封闭的海域，如白令海、鄂霍次克海、日本海、黄海、东海以及南海西北部的西北太平洋开阔海域。西北太平洋与欧亚大陆东边相接壤的沿岸主要国家有中国、俄罗斯、朝鲜、韩国和越南等，日本则是最大的岛国。本区域是世界最主要的产鱼区，主要渔获种类有狭鳕和其他鳕科鱼类、远东拟沙丁鱼、太平洋鲱、鲑鳟、鲆鲽类、鲐鲹、带鱼、石首科鱼类、鱿鱼和虾、蟹类等。

2. 东北太平洋区

FAO67 区，位于西北美洲的西部，西界是西经 175° 以东，南界至北纬 40° 以北，东部为阿拉斯加州和加拿大，包括白令海东部和阿拉斯加湾，主要生产狭鳕、鲑科鱼类、太平洋无须鳕、刺黄盖鲽和其他鲽科鱼类。

3. 中西太平洋区

FAO71 区，北界与 61 区相接，东界位于西经 175° 以西，南界位于南纬 25° 以北，西界位于东经 120° 以东。本区包括了印尼东部、澳大利亚的东北部、巴布亚新几内亚、斐济、瓦努阿图、所罗门群岛等。本海域盛产金枪鱼、蓝圆鲹等鲹科鱼类、沙丁鱼、珊瑚礁鱼类以及多种虾类和头足类。

4. 中东太平洋区

FAO77 区，西界与 71 区相接，北与 67 区以北纬 40° 为界，南部在西经 105° 以西仍与南纬 25° 取平，而在西经 105° 以东则以南纬 6° 为界，东部与南美大陆相接。沿岸国家主要有美国、墨西哥、危地马拉、萨尔瓦多、厄瓜多尔、尼加拉瓜、哥斯达黎加、巴拿马、哥伦比亚，主要生产鲐鱼、沙丁鱼、北太平洋鳀、金枪鱼、鲣和虾类。

5. 西南太平洋区

FAO81 区，北以南纬 25° 与 71 区、77 区为界，东以西经 105° 与 87 区相邻，南界在南纬 60° 以北，西界以东经 150° 与澳大利亚东南部相接。本区包括新西兰和复活节岛等诸多岛屿，主要生产新西兰长尾鳕、杖鱼、鳀鲱、头足类和龙虾等。

6. 东南太平洋区

FAO87 区，北界以南纬 5° 与 77 区相接，东以西经 105° 与 77 区、81 区相邻，南部仍以南纬 60° 为界，东部以西经 70° 及南美大陆为界。包括秘鲁和智利，主要出产秘鲁鳀鱼、沙丁鱼、鲐鲹和鳕科鱼类，亦是世界主要渔产区。

（二）大西洋

1. 东北大西洋区

FAO27 区，东界位于东经 68°30'，南界位于北纬 36° 以北，西界至西经 42° 和格陵兰东海岸，包括葡萄牙、西班牙、法国、比利时、荷兰、德国、丹麦、波兰、芬兰、瑞典、挪威、俄罗斯、英国、冰岛以及格陵兰、新地岛等，是世界主要渔产区，盛产大西洋鳕、黑线鳕等鳕科鱼类、大西洋鲱、毛鳞鱼、欧洲沙丁鱼、红大麻哈鱼、大西洋鲭、鲽科鱼类等。

2. 西北大西洋区

FAO21 区，东与 27 区相邻，南以北纬 35° 为界，西为北美大陆。本区国家仅加拿大和美国，主要生产大西洋鳕、油鲱、银无须鳕、绿青鳕、鲐、黑线鳕、大西洋鲭以及鲽科鱼类等。

3. 中东大西洋区

FAO34 区，北接 27 区，南界基本抵赤道线，但在西经 30° 以西提升到北纬 5°，在东经 15° 以东又降到南纬 6°，西以西经 40° 为界，仅在赤道起首处移至西经 30° 为界。本区尚包括地中海和黑海，主要国家有安哥拉、刚果、加蓬、赤道几内亚、喀麦隆、尼日利亚、贝宁、多哥、加纳、科特迪瓦、利比里亚、塞拉利昂、几内亚、几内亚比绍、塞内加尔、毛里塔尼亚、摩洛哥以及地中海沿岸国等，主要出产欧洲沙丁鱼、鲐、鲹、鲷科、石首科和章鱼等头足类。

4. 中西大西洋区

FAO31 区，东与 34 区相接，北与 21 区、27 区连接，南界为北纬 5° 以北，主要国家为美国、墨西哥、危地马拉、洪都拉斯、尼加拉瓜、哥斯达黎加、巴拿马、哥伦比亚、委内瑞拉、圭亚那、苏里南，本区还包括加勒比地区的古巴、牙买加、海地、多米尼加等。该海域主要生产海湾油鲱、沙丁鱼、石鲈、鲻和虾类等。

5. 东南大西洋区

FAO47 区，北在南纬 6° 以南，与 34 区为界，西界以西经 20° 以东，南部止于南纬 45°，东以东经 30° 及西南非陆缘。本区包括安哥拉、纳米比亚和南非。该海域盛产无须鳕、沙丁鱼、鳀鱼和竹荚鱼等鲹科鱼类。

6. 西南大西洋区

FAO41 区，东以西经 20° 以西，南至南纬 60° 以北，北与 31 区、34 区为界，西接南美大陆与西经 70° 为界，包括巴西、乌拉圭、阿根廷等。盛产阿根廷鳕、非洲鳕、石首鱼、沙丁鱼和头足类等。

（三）印度洋

1. 西印度洋区

FAO51 区，指东经 80° 以西、南至南纬 45° 以北，西接东非大陆与东经 30° 为界。周边国家主要包括印度、斯里兰卡、巴基斯坦、伊朗、阿曼、也门、索马里、肯尼亚、坦桑尼亚、莫桑比克、南非、马尔代夫、马达加斯加等。本区出产沙丁鱼、石首鱼、鲣、黄鳍金枪鱼、龙头鱼、鲅鱼、带鱼和虾类等。

2. 东印度洋区

FAO57 区，西与 51 区相邻，南至南纬 55°，东在澳洲西北部以东经 120°、在澳洲东南以东经 150° 为界，主要包括印度东部、印尼西部、孟加拉国、越南、泰国、缅甸、马来西亚等，盛产西鲱、沙丁鱼、杖鱼、遮目鱼和虾类等。

（四）南极周边海域

包括 FAO48 区、58 区、88 区。位于太平洋和大西洋西部南纬 60° 以南，在大西洋东部与印度洋西部以南纬 45° 为界，而印度洋东部则以南纬 55° 为界，分别与 81 区、87 区、41 区、47 区以及 51 区、57 区相接，为环南极海区，盛产磷虾、鱼类种类不多，只有南极鱼科和冰鱼等数种有渔业价值。

在南极寒带水域，上层鱼类有灯笼鱼科和南极鱼科，近底层有南极鱼科和刺盖鱼科。

二、世界各主要渔区的渔业资源概况

（一）太平洋

1. 西北太平洋区

由于该区自然条件优越，导致栖息的渔业生物多样性高，渔业资源丰富，占太平洋总产量的 52.2%。其中，狭鳕、远东拟沙丁等数种产量很高，其资源丰盛年代均属年产数百万吨级的鱼种，使该区的渔获量占全球海洋渔业产量的 1/3。世界几个主要渔业大国，如日本、中国、俄罗斯等。本区渔业资源利用的特点如下所述。

（1）底鱼资源。

大麻哈鱼曾一度因滥捕而枯竭，近年通过大规模放流增殖，种群资源得到明显恢复。但几乎所有传统底鱼资源都已被充分利用，可供底鱼作业的渔场也几乎都被开发。这又分两类，其一如狭鳕、大头鳕、多线鱼、玉筋鱼等资源虽受强度捕捞，目前产量仍保持在较高或一定水平上；另一类像北区的鲈鲉、刺黄盖鲽和东海的真鲷、石首科鱼类等，则因捕捞过度而资源严重枯竭。这些鱼种尽管近年已采取许多管理措施，但仍未见恢复的迹象。

（2）中上层鱼类。

中上层鱼类如拟沙丁鱼、鳀鱼等小型鳀鲱鱼类产量高，但种群资源波动大，优势种更替频繁，如日本生产的太平洋鲱、秋刀鱼、远东拟沙丁、鲐、日本鳀、竹荚鱼等优势种均在不断更替，其中如远东拟沙丁在 20 世纪 60 年代中期曾降到仅有几千吨产量，但在 20 世纪 80 年代中后期却上升到 500 多万 t。金枪鱼和旗鱼类亦已充分捕捞，但南部海区的圆舵鲣、扁舵鲣等小型金枪鱼仍可望增产。

（3）头足类。

除日本列岛和中国近海外，头足类可能是本区唯一具有较大潜力的资源，尤其北区的大洋性乌贼可望增产，但新近联合国通过的禁止北太平洋流网作业，该区近期头足类生产将受一定影响。

（4）虾蟹类。

西北太平洋区的虾蟹种类虽多并有一定资源量，但均已充分开发，特别是北区大型蟹类和南部近海的虾蟹类已捕捞过度，没有进一步开发潜力，但发展增养殖却有一定前景。

2. 东北太平洋区

该区位于西北太平洋区的东部，产量不高。其资源的种类分布与 61 区北部十分相似，主要特点如下。

（1）底鱼资源。

底鱼资源主要种类有狭鳕、大头鳕、鲆鲉、刺黄盖鲽等鲽科鱼类和大麻哈鱼等。底鱼是本区最主要的渔业资源，鱼种虽不甚多，但产量较高，如狭鳕就是本海区最高产的鱼种，产量达百万吨级。狭鳞庸鲽个体大、经济价值高，大麻哈鱼、鲆鲉和刺黄盖鲽等曾经也都是本区的大宗渔获，但由于捕捞过度，资源已经枯竭。为此，美国、加拿大等国组织成立国际狭鳞庸鲽委员会和国际太平洋大麻哈鱼渔业委员会，分别进行上述渔业的管理。

（2）中上层鱼类。

本区由于地理学因素，中上层种类甚少，主要是太平洋鲱、鲥和少量金枪鱼类。以前者产量最多，鲱及其鱼子是加拿大重要渔获种类和创汇渔品。但近年可能处于生态更替期、鲱鱼产量不高，渔业收入减少。

（3）头足类。

头足类主要有美洲枪乌贼、日本爪乌贼和黵乌贼等。仅前者在美国 200n mile [1]经济区的可捕量即可达 10 万 ~30 万 t，而 1987 年全区头足类的总产量仅 5.57 万 t，故有相当开发潜力。

（二）大西洋

1. 西北大西洋（21 区）

本区临海的国家有美国、加拿大和丹麦的格陵兰岛。

1　本书中海里（n mile）为非法定计量单位，1n mile ≈ 1 852 m。

从整体上讲，本区的渔业资源在衰退。沿海国家已经大幅度削减或完全禁止在其专属经济区内进行远洋捕捞作业。沿海国正在逐步实施配额捕捞。

本区域海洋捕捞产量的变化说明了自然环境的影响。海洋气候的温暖期，寒冷期一般都持续 3~5 年，北部鳕鱼种群的补充量呈现类似的周期性。夏季水温高可能使虾类、鱿鱼、扇贝和蟹类的产量增加。

在 21 区的北部海域，对一些主要的渔业资源评述如下：

（1）底层鱼类。

大渔浅滩和拉布拉多外海曾经是西北大西洋鳕鱼资源量最大的海区，20 世纪 50 年代远洋船队大量开发产卵及产卵前期的群体，1968 年渔获量曾达到 80 万 t 高峰。1978 年后产量逐步下降。同时，近岸渔获量也从 20 世纪 60 年代的 16 万 t 降至 1974 年的 3.5 万 t。

圣劳伦斯湾北部、东部和西部的鳕鱼上岸量从 1983 年的 10.6 万 t 降至 1989 年的 4.7 万 t，为历史最低水平。圣劳伦斯湾南部及毗邻斯科舍大陆架海域，渔获量稳定并呈上升趋势。

大渔浅滩至乔治滩的黑线鳕和本区其他海域的资源都处于脆弱状态。

本区鲈鲉渔获量在 20 世纪 60~70 年代达到高峰，后来出现下降，控制捕捞努力量后有所恢复。格陵兰沿海的鲈鲉严重衰退，乔治浅滩东部的鲈鲉也在继续衰退。

大渔浅滩的拟庸鲽上岸量远远低于历史水平。除戴维斯海峡至大渔浅滩的马舌鲽渔获量处于稳定的状态外，其他鲽类和美首鲽、美洲黄盖鲽等也处于低水平。

（2）小型中上层鱼类。

近年来大渔浅滩南部的毛鳞鱼渔获量一直低于捕捞配额，但资源看来还在下降。在限额捕捞以后，1993 年已禁止捕捞。

20 世纪 60 年代斯科舍大陆架西南部的鲱鱼渔业达到顶峰，渔获量为 19.6 万 t。后来禁止将捕获的鲱鱼加工成鱼粉，而是直接供人类消费。

乔治浅滩的鲱鱼资源曾是西大西洋的最大资源，1968 年上岸量达到 37.4 万 t，1977 年后上岸量锐减，经历了 10 年的绝迹，目前又有产卵迹象，但远不能鼓励捕捞。

西北大西洋的鲭鱼有两个产卵区，即圣劳伦斯湾和科德角至哈特拉斯之间，在越冬期曾遭到大量捕捞。1973 年捕获量曾达到 43.0 万 t 高峰。

1977~1978 年已终止该渔业。

（3）软体动物。

乔治浅滩的加拿大扇贝渔获量平均每年为 5 500t 左右，1977~1978 年采捕量曾达到 1.1 万 t。1986 年起实行扇贝肉最低允许重量。该渔业采用捕捞努力量单位为“船员一小时一米”，不仅考虑了船员多少，而且考虑了捕捞时数和采集肉量。美国扇贝渔业实行计划管理，规定每千克闭壳肌（“扇贝肉”）的平均最大数量为 13.6 个。

在斯科舍大陆架发现了一种数量大的多丝蛤，该资源连同神蛤成为新渔业的潜在资源。

（4）甲壳类。

1987 年以来，哈得逊海峡和格陵兰沿海的虾类资源正处于最低水平。圣劳伦斯湾的鳕场蟹也在控制捕捞努力量，并实行禁渔区、禁渔期和配额捕捞。

西北大西洋南部海域的资源状况评述如下：

游钓渔业正在日益显示其重要性，导致反对无限制进行商业性捕捞。

南部渔业已经开始显示出过度捕捞的征兆，特别是拖网渔业。在新英格兰海区，以主要鱼类为捕捞对象的拖网渔业，由东北多鱼种渔业管理规划署进行管理，规定了渔具类型、禁渔区、禁渔期，颁发许可证，但未实行捕捞配额。几种高价值鱼种，如鳕、黑线鳕、美洲黄盖鲽等的上岸量已达到或接近历史最低水平。一些低价值鱼类正在替代过去高档鳕鱼占优势的群体，上岸量转向青鳕、刺鲨、银无须鳕、鳐和鲽等。

2. 东北大西洋

由于捕捞压力过大，结构不合理以及资源补充量差，大多数底鱼资源呈继续下降趋势。

北海的鳕、黑线鳕和牙鳕资源开发量很大，大多数渔获物由 1~2 龄鱼及占不足 1/3 的未成熟的 1 龄鱼组成，因而该渔业已高度依赖新补充的幼鱼。

本区污染已使水域环境恶化，受河流入口处影响，大多数海区的营养物、重金属和有机化合物含量高，影响渔业资源的生产力。许可总渔获量制度一直是本区资源管理的标准手段。

3. 中西大西洋

本区加勒比海海盆沿岸受世界三大河流的影响,即美国的密西西比河、委内瑞拉的奥里诺科河以及巴西的亚马孙河。这些河流的径流量与气候变化有关,而且与赤道太平洋的"厄尔尼诺"现象相关。海区的年间变异还受飓风频率和强度的影响。飓风对渔业生产力的影响限于局部地区,程度取决于飓风的风力和时间。但河流径流的影响可延伸至沿海及大陆架大片海区。这里,沿海的开发和旅游业的发展,使沿海生态环境退化,导致岩礁海区生产力下降。

本区的重要渔业为小型中上层鱼类(油鲱、燕鳐鱼、鲭科鱼类)、大型中上层鱼类(金枪鱼类、旗鱼类、鲨类)、岩礁鱼类(笛鲷类和鳚属鱼类)。沿岸底层鱼类(石首鱼科、银牙鲅、石首鱼)、甲壳类(虾类、龙虾类、蟹类)以及软体动物(牡蛎、扇贝和凤螺)。

有些资源尚未充分利用,如头足类(鱿类和蛸类)、小型中上层鱼类、深水虾类、深水笛鲷科鱼类等。除头足类以外,其他资源短期不大可能大幅度增产。

大多数海区沿岸洄游性中上层鱼类(主要是鲭科鱼类)的资源已大量捕捞,少数海区已过度开发。这些渔业有高度的季节性,对这些资源的利用存在着国家之间、各利用者之间的矛盾和冲突。

4. 中东大西洋

21 个沿海国和 18 个以上非沿海国均有渔获记录,表明本区渔业具有明显的国际特征,而且非本地区的渔船队的上岸量保持较高的比重。

对本区重要的渔业资源评述如下:

(1)北部海域。

从直布罗陀的斯巴特尔角至毛里塔尼亚的蒂米里奥角北部的北区水域,底鱼资源几乎都已充分开发或过度开发,这些资源包括头足类、无须鳕和鲷科。唯一可能例外的是分布于朱比角以南的红长鳍鳕。必须大力降低对头足类和鼠尾鳕的捕捞努力量,并适当保护幼体。20 世纪 90 年代以来,摩洛哥和毛里塔尼亚已经采取的禁渔期、禁渔区等管理措施被证明是有效的。

朱比角以南的乌鲂资源已大量开发,博查多角以南过度开发。该资源的恢复受到头足类渔业迅速发展的威胁，乌鲂稚鱼的兼捕对象死亡率很高。

毛里塔尼亚至塞内加尔的渔业由于外国渔船队增加和捕捞能力加强，经历了重大发展，但渔获量没有增加，所以可认为传统资源至少已充分捕捞。20 世纪 70 年代前期以来，底鱼资源量已锐减，未来资源状况令人关注。经历了几年的过度捕捞之后，真龙虾再度受到笼具和刺网的高强度捕捞。北部海区的绿龙虾可能开发不足，但南部资源却受到大力捕捞。毛里塔尼亚沿海发现一种未开发的蛤资源，潜在量可能达 30 万 t。

塞内加尔虾类资源已充分开发，整个资源潜力有所增加，同时章鱼资源量也有增加，而传统鱼种资源却在减少，说明生态系统正面临巨大的捕捞压力。

本海区数量大的沙丁鱼、鲭、竹荚鱼资源变化大，很难作确切的评估。可能是由于气候变化，捕捞努力量变化，或两者兼而有之，导致资源数量定期发生大的差异。鲭鱼资源看来已充分捕捞，布朗角以北沙丁鱼资源明显经历了一个资源增长期，渔获量曾特别高，尤其是外国的船队。近些年来，对西北非的声学调查表明，小沙丁鱼群密度非常高，尤其是毛里塔尼亚沿海，生物量评估在 400 万 t 左右。尚未掌握大陆坡深海资源状况。虾类、无须鳕和乌鲂的捕捞强度大，这可能是直接捕捞或在竹荚鱼渔业中兼捕所致，难于对这些渔业资源作确切的评估。

（2）南部海域。

中上层鱼类资源占几内亚海洋资源的 50% 以上，但未掌握其潜在量。估计中上层鱼类和底鱼资源潜在量为 6.5 万 t。底拖网渔船和小型个体渔业捕捞强度的加强已给当地传统个体渔业带来大问题。在水深 20 m 以下浅地带，生物量已减少，但石首鱼科鱼类的渔获率却在增加。

整个南部海域，水深 50 m 以内的最常见经济鱼类都已高度开发。50~200 m 近海的底层鱼类资源仍未充分开发。然而其开发率不可能增加，因为捕捞对象的密度和渔获率均低。从塞内加尔到刚果河口间的小密集的南方对虾似已大量开发，近岸个体渔业与近海工业渔业之间有激烈的竞争，该渔业大量兼捕的鱼类也已投放市场。

从科特迪瓦、加纳、多哥、贝宁来看，小型中上层鱼类资源很重要，但不稳定。金色小沙丁鱼年上岸量 8.0 万 ~10.6 万 t。看来小沙丁鱼资源状况良好。而马德拉小沙丁鱼年产量维持在 2.0 万 ~4.8 万 t。鳀鱼渔获最高，鲭鱼渔获量变动大，但它们的资源状况不很清楚。

整个几内亚湾南部的中上层和底层鱼类资源也不清楚，底鱼资源的捕捞集中在近岸和稚鱼上。南部大陆架处和大陆坡的底鱼资源，尤其是硬质海底，仍然捕捞不足。

5. 西南大西洋

从上岸量和产值来说，无须鳕渔业是本区最重要的渔业之一。有两种生产价值高的无须鳕，即阿根廷无须鳕和多鳞无须鳕。前者主要分布在阿根廷沿海巴塔哥尼亚北部大陆架及乌拉圭和巴西南部沿海大陆架；后者分布于巴塔哥尼亚南部大陆架、近海、马尔维纳斯（福克兰）群岛周围和巴塔哥尼亚大陆坡一带。

石首鱼科和牙鲅亚科鱼类的渔获量没有明显的变化。这些种群的大多数属于中等或充分开发。阿根廷和乌拉圭共同渔区的牙鲅亚科种群由 20 世纪 80 年代初恢复后，目前较为稳定。该渔业可望在巴西北部获得有限度的拓展。

6. 东南大西洋

本海区特别是安哥拉南部和纳米比亚沿海，因本格拉海流沿海岸向北流动而形成海底营养物涌升，因而是一个高生产力的海域，但其总渔业潜在量不甚清楚。

只有少数几个鱼种占鱼类总生物量的大部分，它们是无须鳕属，在近岸和近海均有分布；竹荚鱼属和分布范围小些的鲭属，两者为近海的主要鱼种。还有沙瑙鱼属、鳀属，是涌升流系中资源最丰富的近岸中上层鱼类。另外，鲛鱼、鳎、龙虾、黄鲷和鱿鱼等资源，数量不那么丰富，但在经济上有重要意义。

无须鳕是本区最重要、资源量较大的群体。有两个品种，岬无须鳕和多鳞无须鳕。纳米比亚沿海有两个群体，北部群体与安哥拉共享，是两个群体中最重要的资源；南部群体与南非共享。北部群体由外国远洋船队开发，南部群体由南非沿海船队开发。

（三）印度洋

1. 西印度洋

印度的增产占西印度洋增产的大部分，印度渔获量增长的主要品种是中上层鱼类、长头沙丁鱼、羽鳃鲐和鲲鱼。

印度底鱼渔获量由许多不同种的鱼类组成，其中以石首鱼科、龙头鱼和鲶鱼为最重要。虾类的上岸量保持相对稳定。

2. 东印度洋

本区鱼种及组成与西印度洋有很多相似之处。但在渔获组成上暖温、暖水种的成分占优势。除与海况特征有关外，还与渔业利用国家所处的地理位置有关。同样，由于本区陆架狭窄和近年渔业开发的结果，许多近海鱼类、特别是南亚诸国的底鱼资源，已利用过度。但外海、远洋尚处待开发状态，有一定潜力。其资源主要特点如下所述。

（1）底层鱼类资源。

北部主要有蛇鲻、龙头鱼、犀鳕、海鳗、康吉鳗、马鲅、尖吻鲈、笛鲷、石首鱼、鲷科、羊鱼科、隆头鱼科、带鱼、鲆、舌鳎等，种类十分丰富。南部有小褐鳕、尖颌多齿鲷、隆颈愈额鲷、白姑鱼、海鲂、刺金眼鲷、棘胸鱼、拟长鳍鳎、新平鲉、菱鲽属鱼类等。渔获组成十分复杂，但单鱼种的产量都不高。

（2）中上层鱼类。

北部热带水域的主要种类与我国南海十分相似，金色小沙丁、羽鳃鲐、日本鲐、鲽鳅、无齿鲳、银鲳、笛鲷、颚针鱼、飞鱼和旗鱼类等。南部则属南澳亚热带区系，主要种类有黍鲱、澳大利亚鲲、水珍鱼、澳洲花鲭、斜竹荚鱼、银圆鳄、福氏黄眼鰤、沙氏短蛇鲭、乔治亚鲑鲣等，都有较高开发潜力。

（3）头足类。

印度洋东部与西部分布的头足类，种类相近，但产量较低，资源状况不甚了解，有待调查与开发利用。

（4）虾蟹类。

本区的虾类资源不如西区，主要种类有墨吉对虾、虎状对虾、新对虾等，还包括几千吨樱虾。本区蟹类资源亦与西区相似，产业规模小，仅万吨左右，但泥蟹捕捞很有前景。

（四）南极海域

环南极洲诸海包括FAO48、58、88区，属寒带水域，与北冰洋相似，鱼类种类十分贫乏，难以形成规模渔业，但磷虾资源非常丰富，有待开发。

（1）底层鱼类资源只有南极鱼属、巴塔哥尼亚齿鱼、南极银鳕、头带腭齿鱼、冰鱼等鱼种，除南极科鱼类外，多无渔业价值。

（2）中上层鱼类仅有灯笼鱼科的裸灯笼鱼、电灯笼鱼以及南极多线鱼、马氏齿鱼等数种，仅为兼捕对象。

（3）虾类资源。在南极水域的甲壳类中，唯有南极磷虾极端丰富，其资源以亿吨计量。但生产开发仅仅是起步。

第二节　我国海洋渔业资源概况

一、水域资源

我国的四大海区渤海、黄海、东海和南海界于亚洲大陆与太平洋之间，除台湾东濒太平洋外，各海区几乎全是半封闭性的陆缘海。四大海区总面积约470万km^2，其中大陆架面积约占60%，是我国开发利用海洋渔业资源的主要区域。与渔业有关的海洋环境主要是渔场，渔场是海洋捕捞业的生产区域。渔场水域环境的生物资源极其丰富。依其成因及海洋学特点，能形成渔场的海洋水域环境可分为三种类型：涌升流海域、涡动水域和无潮点海区及海洋锋区（也称锋区、流隔）。前者如东海的舟山渔场、闽南—台湾浅滩渔场、汕头沿海渔场等；涡动水域渔场主要有珠江口及粤东渔场；锋区或流隔渔场则如渤、黄海的一些渔场。

二、生物资源

中国海域环境条件在不同的海区存在很大差异，如冬季（2 月份）表面的平均水温，在南海的南部高达 28 ℃以上，而渤海北部则低于 0 ℃。我国的渤海和黄海属于大陆架浅海，东海和南海则是具有大陆坡和深海槽的海区。在生物组成上，我国的渤海、黄海、东海和南海四个海区在生物种类、区系组成及优势种群上有着明显的差异。我国海洋渔业生物资源种类繁多，但经济价值较高的主要是三大类，即鱼类、甲壳类和头足类。

1. 鱼类

我国四个重要海区共有鱼类 1 700 多种，其中软骨鱼类计有 179 种，占鱼类总数的 10.5%，硬骨鱼类 1 528 种，占鱼类总数的 89.5%。

2. 甲壳类

甲壳类是海洋生物组成中的一个大类群，包括浮游甲壳类和底栖甲壳类两大类。前者个体较小，游泳能力弱，营浮游生活；后者常栖息于水域底层，一般营底栖生活。我国海域范围内目前已知有分布的甲壳动物有磷虾类 42 种、蟹类 600 余种和虾类 300 余种。

3. 头足类

我国海域内分布有头足类 91 种，其中暖水性种类 58 种，占总数的 65.1%，暖温性种类 31 种，占总数的 34.9%。部分种类如阿氏十字蛸和水母蛸因生活于深海，尚不能确定其适温属性。

三、海洋渔业资源的特点

我国的海洋渔业资源组成在很大程度上取决于我国海区所处的地理位置及其海洋自然环境。归纳起来有以下几个特点。

（1）海区范围广阔，生物种类多，类型广。

我国海域分布在热带至北温带之间，海洋经济鱼类的组成中既有温水性种类、又有暖水性和暖温性种类，北部海区中还有一些是冷水性种类,因而我国是世界上海洋生物种类最多的国家之一。

(2)经济种类多,但高产种类少。

除少数种类年产在30万t以上外,一般均在5万t以内,年产量在0.5万~2.0万t的种类也不少。

(3)中、下层鱼类受大陆架的局限,水平洄游的范围小。

我国主要的中下层鱼类多为浅海性种类,它们多栖息于100 m等深线以内的海区,特别集中于40~80 m范围内的沟洼和海滩附近。例如大黄鱼栖息水深一般不超过60 m,小黄鱼、带鱼在100 m等深线以外海区捕捞量很少。

(4)食性与种间关系较为复杂。

我国海洋的饵料基础较为广泛,鱼类食性一般比高纬度海区鱼类复杂很多。它们既有生活阶段的食性变化,也有季节性和地区性的转变。有的鱼类既食浮游生物,也摄食底栖生物。

(5)饵料丰富,生长快,性成熟早。

我国近海饵料基础较广泛而且丰富,有利于鱼类的生长发育和缓和鱼类的食饵竞争。例如,小黄鱼当年生幼鱼到年末体长可达120~150 mm;当年生带鱼体长可达140~180 mm。一般鱼类初次性成熟年龄是2~3龄,生殖力比较高。

(6)产卵期交错,产卵场广泛。

我国海洋经济鱼类,除南部海区的带鱼、蓝圆鲹等几乎周年产卵外,许多鱼类的产卵期分散于春、夏季,周年中经济鱼类的产卵期互相交错。许多经济鱼类的产卵场广泛分布于我国许多江河口及浅滩附近。有些鱼类则在离岸较远的水域产卵,产卵场遍布我国海区的内外水域。

(7)从生物生产量水平来看,我国在全球范围内属中下水平。

其中以东海区的水平为最高达3.92 t/km^2,渤海次之,为3.84 t/km^2,南海和黄海为最低,分别为2.40 t/km^{2}和2.25 t/km^2。在资源组成上,以暖温性种类为主,约占总渔获量的2/3。

今后摆在我们面前的任务是要增长海洋渔获量,但绝不可依靠增加近海的捕捞强度。历史事实已显示出,加强近海区域的捕捞强度无论从经济角度或从生态学角度既不适宜也不合理。在近海资源潜力已不大,只有发掘很少被利用或某些小宗零星的种类,更多的注意力应在于开发外海和远洋的一些渔业资源。

第三节 海洋渔业资源的分布特征

我国海域广阔,南自曾母暗沙北至渤海辽东湾,南北纵向跨越 37 个纬度,包括热带、亚热带和温带三个气候带。除南海外,海域平均深度都较小,大陆架区域宽阔。海域中有大陆江河径流汇集形成的沿岸水系和以黑潮暖流为主的外海水系,以及由不同水系形成的若干不同性质的水团。渔业资源的分布和资源量,与这些水系和水团的温度、盐度时空变动有密切关系。水温、盐度的分布和变化具有区域性,若以南海北部大陆架为界,在其以北的海域,表层水温年变幅值随水深的增大而变小,在其以南的海域年变幅越往南越小,到南沙群岛以南海域达最小。沿岸和浅海区表层水温年变幅最大,200 m 以上深海区年变幅最小,底层水温年变幅分布趋势略同表层,但变幅值小于表层。受中国沿岸水系和外海水系的影响,表层和底层的盐度年变幅随入海径流量有所变化,特别在长江、珠江和黄河等几条大江河径流入海季节,盐度变化最大。大陆架区域浮游生物数量的分布趋势呈近海高于外海,密集区多处于河口区,不同水系、水团的交汇区和上升流区。其生物量若按海区分,东海区最高,渤海区和黄海区次之,南海区最低。

我国海洋渔业资源的鱼类区系组成复杂多样,兼收并蓄了热带、亚热带和温带的一些种类,所以既有暖水性、暖温性和温水性鱼类,也有少数冷温性和冷水性鱼类。据最新调查统计,我国海域鱼类累计有 1 700 多种,其中软骨鱼类有 179 种,硬骨鱼类 1 528 种。各海区具有各自的主要鱼种和各海区共有种类。南海大陆架有 1 026 种,东海大陆架有 716 种,黄、渤海大陆架有 288 种。

我国海域是太平洋西北部的陆缘海区,外周岛屿环绕,基本上属封闭性海区,造成我国海洋渔业资源缺少世界种,鱼类的独立性和封闭性较明显,与别的海区沟通少如大头鳕鱼、黄海鲱自成体系。单种资源量也远不如世界其他海区如鲹科、鲭科、金枪鱼科等。因此,我国海洋渔业生产量与全球其他海区比较,属中下水平。

一、渤黄海区

我国海洋渔业产量主要是鱼类，鱼类中又以底层和近底层鱼类的产量最高，其他依次是中上层鱼类、虾蟹类、头足类、贝类和藻类等。各海区的特点各不相同。渤黄海区大部分鱼类终生栖息在此海区，形成一个独立群聚，只有冬季到黄海南部和东海北部较深水域越冬。渤黄海区几乎终年有不同适温属性的鱼类繁殖，但主要种类的繁殖期较集中，而且较之东海、南海鱼类的繁殖期持续时间短，仅1~2个月。构成浮游生物渔业的主要是食性层次低、生命周期短的毛虾、海蜇以及某些种浮游甲壳类，这种资源占渤黄海区总产量的17.8%，占渤海产量的38.3%。再加上对虾、梭子蟹、鹰爪虾等多种虾、蟹类（占渤海总产量33.3%），这是当前渤黄海区主要渔业资源。渤黄海区的浮游生物渔业资源几乎全是该海区的地方种。底层、近底层鱼类中地方性种类有鲈鱼、梅童鱼、带鱼、小黄鱼、黄姑鱼、真鲷、鲆鲽类等，这些鱼类一般不做远距离洄游。有些种类繁殖期游到渤黄海，越冬在东海北部，如海鳗、大黄鱼、蛇鲻、鮸鱼等。渤黄海区的中上层鱼类有鲐、蓝点马鲛、鲲、鳓、斑鲦、梭鱼等，其中地方性种类约占半数。从而可以说渤黄海区渔业资源中50%左右的中上层鱼类和少量底层、近底层鱼类与东海有交流，其余均为渤黄海区的独立种群。

二、东海区

东海区的资源种类远比渤黄海区多，但种群的生物量不大。历史上年渔获量40万~50万t者仅带鱼1种，20万~30万t者仅绿鳍马面鲀1种，10万~20万t者有大黄鱼、鲐、小黄鱼3种，5万~10万t者有曼氏无针乌贼、海蜇、蓝圆鲹3种，其余不少种类均在5万t以下。资源中暖水性种类随纬度增高而递减，暖温性种类则随纬度的增高而递增。栖息于较深海的暖流和沿岸水交汇区域的鱼类如小黄鱼、海鳗、鲳等几乎形成独立群聚，栖息于东海外海的绿鳍马面鲀、短尾大眼鲷、黄鲷、舵鲣、竹荚鱼等自成一群聚。有的则活动范围不大，只做短距离的移动如小黄鱼等。东海区的鱼类繁殖期较渤黄海区长，通常可持续2~3个月，如带鱼等鱼类的繁殖期甚至可持续9~10个月。许多鱼类生长较快,性成熟早,一般1~3龄即可成熟,分批产卵,繁殖期较长,个体繁殖力较强,但生命周期较短,自然死亡率较高,年龄结构简单。

三、南海区

南海区的渔业资源具有热带暖水性海洋生物的特点。资源种类组成繁多,绝大多数鱼种相互混栖,约100种经济鱼类的混栖率可达70%~80%,每一种的群体数量却很少。南海区主要渔业资源由地方性种群组成,缺少外海大洋性鱼种。各鱼种无明显的洄游路线,广泛分布于大陆架海区。繁殖期持续时间长,一般持续3~6个月,有些鱼种长达8个月,有些种类甚至全年产卵。产卵场所也分散不集中。

南海区的渔业资源目前仍以底层鱼类为主,产量占总渔获量的一半,但是种类很多,渔获出现频率较多的鱼种有多齿蛇鲻、长条蛇鲻、狗母鱼、短尾大眼鲷、二长棘鲷、鲱鲤、金线鱼等。中上层鱼类中的蓝圆鲹、金色小沙丁鱼、鲐、竹荚鱼、圆腹鲱、小公鱼等出现频率相当高。历史上产量超过1万t的鱼种有小公鱼、金色小沙丁鱼、蓝圆鲹等。虾蟹类和头足类目前占渔获量的比例较小,主要经济虾类有墨吉对虾、长毛对虾、日本对虾、短沟对虾、斑节对虾、刀额新对虾,龙虾等30余种。南海区大多数经济鱼类具有生长快、寿命短、性成熟早、繁殖力强的特点,因之,虽然资源遭受破坏,如若及时加强保护能够迅速恢复。南海区常见的蓝圆鲹、竹荚鱼、颌圆鲹、金线鱼、蛇鲻、大眼鲷等鱼种的体长为150~300 mm,体重为70~300 g,绿鳍马面鲀、鲱鲤、二长棘鲷等鱼种的体长一般小于150 mm,体重仅70 g以下。不少鱼种1龄鱼体长即达150 mm左右,1龄鱼即加入产卵群体,大多数鱼种最大年龄仅4龄,少数可达6~7龄,种群的自然死亡率较高,世代交替频繁,补充群体往往大于剩余群体。

南海区的多数鱼类食性广,食谱复杂,且有昼夜垂直移动摄食的习性。

第四节　我国不同海区渔业概况

从事海洋渔业生产活动，无论是在海上，还是在陆地，都要有一定的立足之本。渔民要下海捕鱼，一望无际的大海，并不是到处都有鱼可捕，而是要根据季节、天气、海况、鱼类的生活习性等多种因素来确定，因此人们根据生产经验，总结找出了鱼类的活动场所——渔场。渔获丰收，渔船要靠岸卸货，要补充物资，渔民也要休息，因此又有了大大小小的渔港码头。为了有秩序地进行生产活动，从事生产管理，又人为地划分了渔业区。

渔业区本意是根据各海区渔业自然条件、社会经济基础、渔业资源配置及渔业生产特点而划分的渔业生产管理区。在渔业区外，我国传统习惯又有沿岸、近海、外海和远洋渔业区之分，具体划分是以水深为依据。例如，通常将水深 40 m 以内的海区划为沿岸渔业区，40~80 m 的海域为近海渔业区，80~200 m 的海域为外海渔业区，水深超过 200 m 的海域为深海（远洋）渔业区。而在渔业区之下尚有依地形、海况条件和鱼群集聚特征以及渔业生产特点，以经纬度各 30' 和 10'，分别划分出来的生产作业渔区和小区，以便记录渔业生产情况、鱼群密集分布中心，用以研究、组织、指挥和调度渔船生产作业。

一、渤海渔业区

渤海为我国内海，面积仅 7.7 万 km^2。因有黄河、辽河等径流注入，有较丰富的饵料生物基础，并且黄海暖流余脉可抵渤海中部，因而成为黄海以至东海鲅鱼、带鱼、小黄鱼、对虾等经济鱼虾类的产卵场和索饵场，并形成春秋两季渔业生产的重要渔业区。它分别以黄河入海的莱州湾和渤海湾，以及辽河入海的辽东湾三大渔场为主，其中又以莱州湾渔场出产的小黄鱼、带鱼、对虾、毛虾、毛蚶产量最高。辽东湾渔场除了上述固有鱼虾之外，尚有较多鲆、鲽等冷温性鱼种出产。但多年来陆地上径流的锐减、沿岸工程设施的建设以及环境污染的加剧，导致沿岸产卵场趋于消亡，渔业资源补充不足，以致渤海渔业区特别是渤海湾渔场已处于消亡之中。高产年代的对虾产量曾达到 4 万 t，当今如不靠增殖放流，渤海可能已无对虾渔业。因此应切实抓紧整治，加强增殖和保护，否则渤海将成为无鱼可捕的荒海。从生态系统而言，黄海和渤海同属一个渔业生态系，渤海资源衰亡，将严重影响黄海资源的补充与黄海渔业，决不可等闲视之。

二、黄海渔业区

黄海是我国中纬度水域最重要的渔业区之一，是一半封闭海区。沿岸低盐水较充沛，和渤海一样是经济鱼虾的产卵场和育肥场，其外侧海区因黄海暖流流经，冬季水温较高，成为各种经济鱼虾北部种群的主要越冬场。又因本海区受黄海冷水团控制（地处黄海洼地上的越冬低温水形成的冷水团），大量的鲱、鳕、鲆、鲽类等冷温性鱼种在此生活，而成为黄海渔业的独特特征，诞生了重要的黄海冷水性渔业。同时也因为本区还是各种暖水性鱼类洄游的主要过路渔场，故不失为春秋两季的好渔场。在纵越北纬 32° ~40°的海区中，依地理纬度和海底地形特征，又有北、中、南三个次级渔业区以及不同渔场的划分。

（一）黄海北部渔业区

在北纬 37° 附近、成山头以北的黄海渔业区，是黄海冷水团核心分布区，终年皆有鲆、鲽、鲱、鳕、平鲉等鱼类分布；由于夏季温跃层的发育，又有大量暖水性中上层鱼类（如鲐、鲹、竹荚鱼、鲯鳅等）北上可达海洋岛渔场，甚至抵达鸭绿江口附近的海东渔场。著名的烟威渔场是几乎所有出入渤海的鱼类必经渔场，又是鲐、鲹鱼类重要的产卵场和索饵场，20 世纪资源兴盛时，其鱼群之密集，使海天变色，围网上岸、渔获成山，如今只能成了回忆。

（二）黄海中部渔业区

在北纬 37°以南至北纬 34°以北的中部海区，分布有海州湾、连青石等黄海重要渔场，它既是诸多传统经济鱼类，如小黄鱼、带鱼、真鲷、红娘鱼、鲅鱼、银鲳等的产卵场、索饵场，又是诸多南来北往的暖水性鱼类，如鲅鱼、鲐、鲹、鲯鳅、乌鲳等的过路渔场。由于它同样有着黄海冷水团及其次级水团的分布，所以也是鲆、鲽、鲱、鳕的重要渔场，如石岛东南的石岛渔场就是鲆、鲽鱼类的越冬场，成为冬季各种鲆、鲽鱼类生产的传统渔场。海州湾既是带鱼北部群系的主要产卵场，还是东海群系秋季北上索饵群体可抵达的育肥场，因而成为黄海区最主要的带鱼渔场。海州湾还曾是我国最重要的真鲷拖网渔船的作业场，以及红娘鱼、黄姑鱼、长蛇鲻等的主要渔场。连青石渔场东北部的乳山口渔场，由于冬季有南黄海冷水团和乳山河、老母猪河的径流注入，也成为黄海带鱼、小黄鱼、乌贼、马面鲀和对虾的重要产卵、索饵场，昔日生产旺季，船船满载而归。如今随着资源衰退，渔业虽远不如昔，但仍有一定数量的小黄鱼和高眼鲽等传统渔业生产。

（三）黄海南部渔业区

位于北纬34°以南至长江口的海区。受长江口径流的北部河流支流和苏北沿岸水的影响，其近海形成吕泗渔场，外侧为大沙渔场。这里是黄海最主要鱼种大黄鱼、小黄鱼、带鱼、鳓、鲅鱼、鲳鱼等的重要产卵场。大沙渔场因有黄海暖流贯穿，冬季水温偏高，更成为黄海各种经济鱼虾的索饵场和越冬场，其产量居黄海诸渔区之首。吕泗渔场的西北部是我国独特的五大辐射沙洲之一的分布区，水系复杂，是各种经济鱼类理想的产卵场和育肥场所，但也给近岸渔业带来风险。20世纪50年代末，小黄鱼鱼汛中，一场台风加大潮的“顶托”，一次就损失了上千艘渔船，渔业灾害警示我们，一定不能忘记生产安全。大沙渔场因其水深适宜，海底平坦，又是各种经济鱼类群聚的海区，除了禁渔区外，周年均可进行捕捞生产。但由于《中华人民共和国政府和大韩民国政府渔业协定》的签订，其东北部海区划归韩国，使我国渔民失去了一个重要的传统渔场。

三、东海渔业区

从长江口以南直至台湾海峡南部即闽粤交界处（北纬32°~22°）为东海渔业区。东海海域开阔，有长江、钱塘江、闽江等巨量江河淡水径流注入。近海有舟山、南麓山、北麓山、马祖、海坛、金门、厦门及东山等岛群分布，我国最大的岛屿 —— 台湾岛（包括澎湖列岛），亦在本海区。本区有台湾暖流及闽浙沿岸流贯穿，外海有黑潮中表层水流经。因此，在复杂水系与错综地形交互作用下，塑造了世界级的舟山渔场及诸岛群周边的大小渔场(台湾海区更是物种与数量极为丰富的渔场)，使东海成为我国最重要的渔业区，其渔产量超过我国海洋捕捞量的 40%。

(一)舟山及其近邻渔业区

舟山渔场及其近邻东矶列岛等水域，盛产的大黄鱼、带鱼、鳓、乌贼等经济鱼类，产量之大居全国之首。曾经早期的鱼汛旺期，如与黄梅天气重叠，沈家门等渔港上岸的渔获大有成灾之势。舟山的海礁带鱼产卵场，20 世纪 60~70 年代，产卵盛期拖网渔船的单位网产，多在 200~300 箱(每箱 20 kg)。又如嵊山渔场，冬季追捕随冷空气南下的越冬鱼群，单位网产也多达 100 箱左右。绿鳍马面鲀在 20 世纪 80 年代旺发期，每年的 3~4 月份，在舟山外海，好网头都在 500 箱左右，最高网产甚至出现过 2 500 箱的记录。这些高产渔场的鱼群聚集越冬中心就在钓鱼岛到闽东外海一带，所以那时钓鱼岛海区曾是我国上海、浙江、福建等几大渔业公司的主要生产作业渔场。如今舟山渔场的大黄鱼等传统经济鱼类资源严重衰退，绿鳍马面鲀渔业几乎消亡，大黄鱼的自然种群难觅踪迹，带鱼资源也今不如昔，只是近年来小黄鱼资源有所恢复，剑尖枪乌贼替代了曼氏无针乌贼，中上层鲐、鲹鱼类尚有一定产量。

(二)闽东及台湾海峡渔业区

进入福建沿海，即闽东渔场和台湾海峡渔业区。其实，闽东渔场的传统经济鱼种与舟山渔场相似，仍以大黄鱼、带鱼、海鳗等为主。但在种群结构上是有差别的，如大黄鱼在舟山海区，属岱衢族，到闽东北则属闽粤东族种群。从渔业性质而言，此处与浙江温台渔场更接近。台湾海峡西侧港湾曲折，岛屿众多，白犬列岛、海坛岛、南日群岛周边形成链珠状渔场，特别在海峡南部更有著名的台湾浅滩渔场，这里在地形缩隘、海底抬升和暖水爬升的共同驱动下，形成典型的涌升渔场。由于地处北回归线附近的亚热带水域，所以暖水性鱼种显著增多，真鲷、二长棘鲷、石斑鱼、蛇鲻、裸胸鳝、独角鳞鲀等温热带鱼种渐呈优势，成为东海南部的重要渔场。但从渔业性质看，已与南海北部的潮汕渔场相似。

总体而言，东海尽管自然条件优越，渔业资源丰富，但在强大捕捞压力下，传统经济渔业资源皆已严重衰退。但东海外海的中上层鱼类资源和陆坡的底层鱼类资源尚有一定开发潜力。然而受到《中华人民共和国和日本国渔业协定》的制约，难以前往开发与生产作业，故应保护和合理利用好本海区传统渔业资源，并通过增殖手段增进资源补充，以确保渔业的可持续发展。

四、南海渔业区

南海北界为台湾海峡南端，西、南、东三面与越南、泰国、马来西亚、新加坡、菲律宾等诸国为邻，其南界至曾母暗沙，北纬4°北部海域，是我国最大的海洋渔业区。由于地貌的多样性也造就了海洋生物气候生态类型的多样性，其水温由沿岸海域（南海北部表层季候性水温20~30 ℃，南海南部约30 ℃以上）的高温度值随水深值的增大而递降，据南海水产研究所20世纪70年代末80年代初对北部陆坡海域调查所测，在水深2 500 m层次，其水温的平均值为2.38 ℃，如此说明，南海的水温恰好跨越了热带、亚热带、温带以至寒带几个气候类型，从而也使南海同时拥有这些气候带所具有的某些海洋生物。这种由地貌—气候形成的渔业资源生态多样性是我国其他海区难以比拟的。

（一）沿岸渔业区

南海地形复杂，从韩江口经珠江口，绕过雷州半岛，进入北部湾，近海海岛星罗棋布，其中以海南岛最大。大陆沿岸江河径流充沛，在沿岸流作用和外海海水影响下，使上述南海北部海区成为南海水域生产力最高的海域。

处于韩江口的潮汕渔场，其渔获以大黄鱼、带鱼、鲷科鱼类为主，种类与渔业性质近似闽南台湾浅滩渔场。珠江口尤其万山群岛，是南海北部最重要的中上层蓝圆鲹、金色小沙丁鱼，底层的蛇鲻、金线鱼、羊鱼、海鲶及对虾等的近海渔场，原始资源十分丰富，渔获产量高，但滥捕使上述资源陷入严重衰退。北部湾渔场曾是红鳍笛鲷、二长棘鲷、断斑石鲈、金线鱼等名贵经济鱼类的渔场，资源丰富，渔业兴旺，但经多年滥捕，特别是中越海域划界，使我国渔民失去资源丰富的红河口等传统渔场。同样，北部湾口西部拥有的优质鱼类渔场也因划界无法前往生产，渔民生计深受影响。海南岛周边澄迈湾、白马井、莺歌海、凌水湾等，都分布有大大小小的沿岸渔场，其中以文昌附近的清澜渔场最著名。该处属于季风型涌升渔场，盛产蓝圆鲹、金色小沙丁鱼等中上层鱼类，现今资源虽不如以前，但每年春夏仍渔船云集，继续渔业生产。

（二）外海渔业区

在上述40~80 m水深海域开外是南海外海渔场，其主要鱼种与南海北部基本相同，只是资源密度较稀，作为伸向陆坡的过渡带，渐向深水的同时，添加了短尾大眼鲷、蛇鲭、深水鲨、鳐类等。同时因受南海暖流的影响，增加了青甘金枪鱼、鲔鲣、白卜鲔、鲯鳅等外洋暖水性中上层鱼类，其渔业生产尚具有一定潜力。跨过200 m水深，进入南海陆坡渔场，据调查此区直到水深700~800 m处，仍有平均每小时网产200 kg左右的渔获，但鱼种已转为鲨鳐类、康吉鳗、长尾鳕、平头鱼、青眼鱼等深水性鱼类。在水深500~600 m水域，尚有大量拟须虾、刀额拟海虾、长肢近对虾、长足红虾等深海虾类。可能由于渔获种类经济价值较低，深水捕捞成本较高，故资源有潜力，但产业发展较慢。

（三）“西沙”渔业区

东沙群岛、西沙群岛、中沙群岛和南沙群岛，似珍珠撒播于广袤的南海中。其中东沙群岛是南海四群岛中位置最靠北的群岛，坐落于南海北部陆架边缘。面积最小的岛屿仅1.8 km^2，底质为沙质，不利拖网。据试捕调查，其蓝圆鲹、狭头鲐、红背圆鲹等中上层鱼类资源较丰富。由于渔场面积小，海况条件较差，故未见规模开发。

西沙群岛位于南海中北部略偏西，距海南岛300多km，由40多个岛屿、沙洲、暗礁组成。其中较大岛屿约15个，以永兴岛最大，是三沙市政府所在地。其他甘泉岛、金银岛、东岛等都有淡水，属珊瑚礁、上升流发育，周边都是好渔场，礁盘区附近主要有梅鲷、鹦嘴鱼、红鳍笛鲷、石斑鱼等优质珊瑚礁鱼类。礁盘外的广阔海面分布有黄鳍金枪鱼、白卜鲔、飞鱼、裸胸鳝、外海鱿鱼等大洋中上层鱼类。现在随着渔民定居，船网增多，礁盘区资源已得到充分利用，但外海中上层鱼类和头足类等尚有潜力，可供合理利用。

中沙群岛与西沙群岛相似，稍偏东南，相距仅100多km，均由潜伏水下的暗沙和暗礁组成，距海面多数不足20 m，其外周靠近千米水深的南海海盆。

由于两群岛相近，海况与底质相似，故分布的鱼类也都以珊瑚礁鱼类为主,故在渔业上通常将其归为西东沙的渔业区。由中沙群岛再往东,还有著名的黄岩岛。该岛礁周围盛产笛鲷、梅鲷、鳞鲷等珊瑚礁鱼类,资源较丰富。

南沙群岛海域,是南海诸岛中岛屿数量最多,分布面积最广,位置最南(一般指北纬12°以南)的一组岛群。整个群岛由230多座岛屿、沙洲、暗滩、暗沙组成。其中露出水面的岛屿有太平岛、南威岛、中业岛、南子岛、北子岛等25座,以太平岛最大,并有淡水。南沙群岛的最南端到达曾母暗沙,亦为浸于水面下约20 m的沙洲,是我国领土的最南界。南沙群岛的渔业种类繁多,资源丰富,主要有黄鳍金枪鱼、鲣、鲨、旗鱼、康氏马鲛、金带梅鲷、扁舵鲣、白卜鲔、青甘金枪鱼、红鳍笛鲷、石斑鱼等。此外尚有梅花参等经济棘皮动物,砗磲、唐冠螺等大型经济贝类,以及鱿鱼、龙虾等名贵头足类和虾蟹类资源,还有海龟、玳瑁等珍稀保护动物。

我国福建、广东、海南渔民自古就在这里捕鱼生产,现在更有渔民在此开展网箱养鱼等生产作业。但鉴于目前南海岛礁多被侵占,故前往南沙的渔民只能在我国实际控制的几个岛礁周围作业,产量有限,且须注意安全和防卫。

此外,尚有南沙群岛西南部陆架区渔场。这是指南沙群岛西南部万安滩以西,沙勒特浅滩、珊瑚散礁区、北康暗沙以南、曾母暗沙以北的一片海区。

地理学上属于其他陆架的一部分海域,距水深50~150 m的底拖网渔场区。据20世纪90年代初的调查,以及随后的生产开发情况来看,该海区的渔业资源比较丰富,经济鱼类有230余种,以短尾大眼鲷、乌鲳、多齿蛇鲻等为主。由于海域位于南海南部,所以出现许多南海北部陆架均未见的鲱鲤、金线鱼、石斑鱼等暖水性更强的热带种类,是一个具有较高渔业价值的渔场。但因靠近越南、马来西亚和印度尼西亚等敏感海区,前往生产作业的渔船,存在一定风险,故应与政府渔政部门密切配合,以免遭受意外损失。

总之,南海渔业区是我国海洋渔业开发程度较低的海区,尤其在南海南部水域。南海资源和世界热带海域相似,生物多样性虽高,但渔业生产力不会太高。不过其中上层鱼类和深水区的渔业生物尚有一定开发潜力,只是南海南部深受一些邻国干扰,使渔民和正常渔业生产受到严重威胁。因此南海北部应切实重视保护和合理利用资源,持续加强人工增殖资源,以维持渔业生产。南海南部应重视在我国渔政部门指导和配合下的合理开发,以期实现安全生产、渔业丰收。

五、远洋渔业作业区

(一)我国远洋渔业的现状及发展趋势

海洋渔业依其渔场与本国渔业基地之间的距离为标准,可分为远洋渔业和沿岸近海渔业。具体到距离本国的渔业基地多远才算是远洋渔业,各国有不同的规定。笼统地说,有主张以200n mile专属经济区为界限的,在本国200n mile以外的渔业是远洋渔业;也有主张在本国大陆架以外海洋上经营的渔业是远洋渔业;还有的是指定某些种类的渔业为远洋渔业,如日本就指定了捕捞金枪鱼的渔业为远洋渔业。根据我国的实际情况,大多数业内人士主张我国的远洋渔业可以规定为在渤海、黄海、东海、南海范围以外水域作业的渔业。然而,部分人有时也将南海南部的作业海域称为远洋渔业区。

虽然辽阔的海洋蕴藏着极其丰富的渔业资源,然而,发展远洋渔业并非易事。这是一项庞大的系统工程,它不仅要有先进的远洋捕捞船队,还要有配套的资源调查船以及相应的冷藏加工运输船和辅助船;不仅要有产前、产中和产后的配套服务,更要有实力企业、龙头企业的带动,还要有大批远洋渔业人才的培养等。因此,直到1985年春,由13艘远洋渔船组成的我国第一支远洋渔业船队,从福州马尾港起航奔赴西非海域,才掀开了我国远洋渔业发展的帷幕。

捕捞作业方式包括拖网、大型围网等。远洋渔业从业人员超过5万人,产量超过200万t,目前已成为我国海洋渔业的重要组成部分。

(二)远洋渔业资源

1.远洋金枪鱼渔业

金枪鱼是典型的大洋性高度洄游鱼类,广泛分布于太平洋、印度洋和大西洋的热带、亚热带和温带水域,是无国界的鱼类。平时人们所讲的金枪鱼是指鲭科、剑鱼科和旗鱼科鱼类,总计大约60种;从分类上讲,一般将鲭科中的金枪鱼属、狐鲣属、鲣属、舵鲣属和鲔属统称为金枪鱼类，它们的共同特征是有发达的皮肤血管系统，体温略高于水温；从渔业利用角度讲，金枪鱼类一般指经济价值较大的金枪鱼、蓝鳍金枪鱼、大眼金枪鱼、黄鳍金枪鱼、长鳍金枪鱼和鲣等。

金枪鱼渔业是全球最重要的渔业之一，我国自 20 世纪 80 年代中后期开始开发远洋金枪鱼渔业以来，作业方式从延绳钓发展到大型围网，作业海域从太平洋岛国的专属经济区发展到大西洋、印度洋和太平洋公海海域。这充分地展示了我国远洋渔业在国际渔业界的地位，极大地提高了中国参与分享公海大洋性渔业资源的力度，也为我国远洋渔业的可持续发展开拓了重要方向。

（1）太平洋金枪鱼渔场。

在世界三大洋中，金枪鱼类在太平洋水域中的分布范围相对较广，种类也较多，产量也最高。主要鱼种有金枪鱼、黄鳍金枪鱼、长鳍金枪鱼、大眼金枪鱼、青干金枪鱼和鲣鱼等，还有枪鱼类的蓝枪鱼和印度枪鱼、旗鱼类的斑纹四鳍旗鱼和东方旗鱼。在浩瀚的太平洋中，由于各自的生活习性不同，它们栖息的渔场以及分布的数量也各有差异。其中几个主要的渔场如下所述。

①西北太平洋渔场：指北纬 20° 以北，西经 175° 以西的海域。主要捕捞鱼种有金枪鱼（蓝鳍）、长鳍金枪鱼、大眼金枪鱼、黄鳍金枪鱼等，渔获物绝大部分为延绳钓、围网和竿钓等。

②西中太平洋渔场：指北纬 20° 至南纬 25°、西经 175° 以西的太平洋海域。这一海域的金枪鱼类资源非常丰富，主要有鲣、黄鳍金枪鱼、长鳍金枪鱼、大眼金枪鱼等。作业方式主要有延绳钓、围网、竿钓等。

③西南太平洋渔场：指南纬 25° 至南纬 60°、东经 150° 至西经 120° 的海域。这一海域中，由于纬度较高，金枪鱼类的资源量比较稀少。主要品种有鲣、长鳍金枪鱼等。主要作业方式有延绳钓、竿钓等。

④东太平洋渔场：指北纬 40° 至南纬 40°、西经 175° 以东的海域。在靠近 40° 的北纬和南纬高纬度海域，金枪鱼的资源量非常稀少。自北纬 25° 往南主要鱼种为黄鳍金枪鱼、鲣、大眼金枪鱼、长鳍金枪鱼等。主要作业方式有围网、延绳钓等。

（2）印度洋金枪鱼渔场。

印度洋的金枪鱼类资源量也比较丰富，栖息的金枪鱼种类同太平洋大致相同。具体渔场情况大致如下：

①西印度洋渔场：指东经 30° 至东经 80°（斯里兰卡邻近海域为东

经 85°)、南纬 45° 以北的海域。该海域黄鳍金枪鱼和鲣的分布范围广、密集程度高,是围网渔场作业的高产渔场。另外,大眼金枪鱼和长鳍金枪鱼也是该渔场的主要作业鱼种。除围网捕捞以外,延绳钓也是该区渔获物的主要作业方式。

②东印度洋渔场:位于东经 80° 以东,南纬 55° 以北的印度洋区。资源量丰富、种类较多。主要有黄鳍金枪鱼、鲣、大眼金枪鱼、青干金枪鱼、长鳍金枪鱼、马苏金枪鱼、东方旗鱼等。主要方式有围网、延绳钓等。

(3)大西洋金枪鱼渔场。

在大西洋海域中,主要金枪鱼类有黄鳍金枪鱼、蓝鳍金枪鱼、长鳍金枪鱼、大眼金枪鱼、大西洋金枪鱼和鲣;枪鱼和旗鱼较少,但剑鱼的数量较多。具体分布大致如下。

①北大西洋渔场:北纬 35°(大西洋东北为 36°)以北的海域,包括地中海。由于该海区处于高纬度海域,金枪鱼类的资源量相对较少,品种也不多。渔获物主要有长鳍金枪鱼、蓝鳍金枪鱼、大眼金枪鱼,且主要集中于地中海海域,并且该海域还有较多的剑鱼分布。主要作业方式为延绳钓。

②中大西洋渔场:指南纬 6°(靠近非洲沿岸一侧)和北纬 5°(靠近北美洲的一侧)至北纬 35° 和 36° 的海域。北部海域的资源比较丰富,特别是黄鳍金枪鱼和鲣,是围网作业的良好渔场。另外,延绳钓作业的肥壮金枪鱼在该海域也有一定的产量。

③南大西洋渔场:南大西洋渔场是指南纬 50°(西南端为南纬 60°)至北纬 5°(东北端为南纬 6°)的海域。其中大眼金枪鱼、长鳍金枪鱼和鲣是延绳钓捕捞的主要渔获种类。

2. 远洋头足类渔业

头足类属于软体动物门中最高级的一个纲。它们是食物链较短的积极掠食性动物,有的营底栖生活,有的则是栖息于沿岸和大洋水域中的主动而强有力的“游泳者”。根据 20 世纪 90 年代世界头足类咨询委员会规定的头足类最新分类系统进行分类,它们广泛分布于三大洋和南极等海域,从几米近岸浅海到数千米的大洋深渊,均有头足类的足迹。其中具有经济价值的头足类将近 200 种,目前已开发利用的或具有潜在开发价值的有 70 余种。在这 70 余种头足类中,已被规模开发利用的种类仅占 1/3,而作为专捕对象的种类则更少,主要集中在柔鱼科、枪乌贼科、乌贼科和章鱼科，它们占世界头足类产量的90%以上，其他大部分都是兼捕种类。

头足类是重要的经济海洋动物，从沿岸浅海到大洋深处，都有其分布。

我国近海和西非、西北非近海等，都是重要的头足类浅海性渔场，主要以底层或近底层开发为主。大洋性的柔鱼类则是重要的头足类深海性渔场，主要以中上层开发为主。由于海洋中的暖、寒流交汇的锋区以及上升流区，是海水中的营养盐类丰富的海区，此类海区有利于饵料生物的大量繁殖，从而也形成了头足类密集分布的渔场。

第二章

海洋鱼类资源

海洋鱼类种类繁多，千姿百态。生物学家按目、科、属、种分门别类有2万多种，而水产工作者却多按水层、深度，将海洋鱼分为岩礁鱼类、中上层鱼类、中底层鱼类和底层鱼类。各层鱼类的色彩、形态特征与所栖息的自然环境，其高度的统一，体现出物以类分、鱼以群集的自然特性。

第一节　岩礁鱼类

一、石斑鱼

石斑鱼泛指鲈形目鮨科石斑鱼亚科里的各属鱼类。石斑鱼通常指石斑鱼属鱼类。石斑鱼为暖水性的大中型海产鱼类。石斑鱼主要生活在海边石头缝隙中，有“海中鲤鱼”之称。由于其肉质肥美鲜嫩，营养丰富，被人们奉为上等佳肴，逢年过节都能在餐桌上看到石斑鱼。

（一）种类资源

1. 分类地位

石斑鱼隶属鲈形目，鮨科，石斑鱼亚科，石斑鱼属，为暖水性礁栖鱼类。分布在全世界热带和亚热带的海洋，广泛分布于印度洋和太平洋的暖水带。

2. 资源分布

石斑鱼属全世界有100多种，分布于热带和亚热带，少数在温带水域，特别是在热带和亚热带地区的沿岸渔业中占有重要的位置。我国产的石斑鱼属已记录45种，大多产于南海、东海。在我国沿海和西沙群岛、南沙群岛海域多有出产，是大中型暖水性海产重要经济鱼类。

（二）形态特征

1. 体形

石斑鱼体形特征大同小异。石斑鱼一般体型呈椭圆形，中长，侧扁，体披细小栉鳞、侧线完全；头大，吻短而钝圆，口大，稍倾斜，有发达的铺上骨；两颌前端有少数大犬牙，两侧牙细尖；背鳍和臀鳍硬棘十分发达。由于石斑鱼的头长得像老虎头，渔民又叫它“虎头鱼”。

2. 体色

石斑鱼体色可随环境变化而改变，常呈褐色或红色，色彩艳丽，变化甚多，鲜红色的尾和外皮上点缀着石斑一样的条纹、斑点，所以中外习惯称它为石斑鱼。

石斑鱼的体色一般随环境和健康状况而变化。光线弱时体色变深而黑，光线强时体色浅而亮。对环境不适应或病态时体色呈深暗色，有时还有黏膜状黏液覆盖。石斑鱼身上有赤褐色的六角形斑点，中间间隔灰白色或网状的青色斑纹。当它隐藏在珊瑚礁中时，赤色的斑点跟红珊瑚几乎一样。但随着环境的不断变化，它们身上的颜色又能很快地从红色变成褐色、黑色变成白色，以及黄色变成绯色。石斑鱼还能同时把很多的点、斑、纹、线的颜色一起变得深些或浅些，如同变色龙一样在海底不断地变化着它的色彩。

（三）栖息习性

石斑鱼一般都在沿岸岛屿附近的岩礁、沙砾、珊瑚礁底质的海区栖息，喜静怕浪，喜暖怕冷，喜清怕浊。个体小的，活跃在浅水域，好动，易钓；个体大的，喜静卧，深居简出，经常待在洞穴里或深水域，通常不成群。

1. 栖息环境

石斑鱼是岛礁性鱼类，在自然环境中喜欢栖居于珊瑚礁、岩礁、多石砾的海区的洞穴之中。赤点石斑鱼喜栖息在光线较弱的区域，由于躲避、防御等主要原因，鱼礁模型对它们有明显的聚鱼效果，且聚鱼效果与模型的口径成正比。赤点石斑鱼因长期生活于洞穴之中，感受强光和颜色的视觉细胞在某种程度上发生退化，只能适应于弱光视觉，辨色能力也差；还有在海底掘洞穴居的习性。

一尾 2.2 kg 体重的云纹石斑鱼的洞穴，口宽可达 60 cm，深 80 cm。在网箱养殖条件下，石斑鱼喜沉底或在网片褶皱处隐蔽。

石斑鱼的栖息具有明显的地域性。标志放流重捕资料表明，不论在放流的当年或是第二年、第三年，均可在放流处附近不超过 2n mile 的海区里，重捕到带有标志的放流石斑鱼。实验发现，孔径 0.05 cm、孔距 5.0 cm 的固定气泡幕对青石斑鱼有显著的阻拦作用，平均阻拦率可达到 82.4%，且青石斑鱼对气泡幕无明显的适应现象。

2. 水温要求

石斑鱼是暖水性鱼类，生长的适宜海水温度为 20~34 ℃，以 24~28 ℃最适宜。当水温降至 20 ℃时，食欲减退。当水温超过 35 ℃，低于 15℃时都无法忍受。

石斑鱼的栖息水层随水温变化而升降。春、夏季分布于水深 10~30 m 处，盛夏季节也会在水深 2~3 m 处出现；秋、冬季当水温下降时，则游向 40~80 m 的较深水域。

3. 适盐范围

石斑鱼是广盐性鱼类，适盐范围广，在盐度 11~41 的海水中都可以生活,最适盐度为 20~32。

石斑鱼在淡水中的最长忍耐时间约 15 min,过长会出现休克现象。

二、大泷六线鱼

大泷六线鱼(*Hexagrammos otakii* Jordan et Starks)又名欧氏六线鱼、六线鱼,俗称黄鱼、黄棒子,为冷温性近海底层岩礁鱼类。"大泷"这个名字源自日本明治时代的鱼类学者大泷圭之介,是他将从东京鱼市得到的大泷六线鱼标本,带给了他斯坦福大学的教授美国著名鱼类学家 David Starr Jordan,也就是后来为这种鱼命名的人。大泷六线鱼肉质细嫩,营养丰富,味道鲜美,经济价值极高,素有"北方石斑"之称,深受我国沿海地区人们的喜爱。同时它也具有广阔的国际市场,属名贵海水鱼类。大泷六线鱼低温适应能力强,可以在北方沿海自然越冬,是北方网箱养殖的理想种类;常年栖息于近海岩礁和岛屿附近,洄游活动范围小,也是渔业增殖放流和发展休闲渔业的适宜对象。

(一)分类与分布

1. 分类

大泷六线鱼在分类学上隶属于脊索动物门(Chordata)硬骨鱼纲(Osteichthyes)辐鳍亚纲(Actinopterygii)鲉形目(Scorpaeniformes)六线鱼亚目(Hexagrammoidei)六线鱼科(Hexagrammidae)六线鱼属(*Hexagrammos*),学名为 *Hexagrammos otakii*,英文名为 Fat greenling。

从分类学特征来看,大泷六线鱼从属于六线鱼亚目,六线鱼亚目可分 3 科,我国仅产六线鱼科一科,现知有 2 属 4 种。

属的检索表

1(2)侧线 1 条 .... 斑头鱼属 *Agrammus*

2(1)侧线多 .... 六线鱼属 *Hexagrammos*

斑头鱼属:体延长,侧扁,侧线每侧 1 条。头稍小,无棘刺棱。中国沿海仅有斑头鱼(*Agrammus agrammus*)一种,隶属于独立的斑头鱼属。

斑头鱼,俗称窝黄鱼、紫勾子,英文名为 Sotybelly greenling,主要分布于西北太平洋的日本北海道南部至九州,朝鲜半岛沿海以及中国东海、黄海和渤海等岩礁或浅水海藻区域,是栖息在近海的冷温性底层鱼类。

六线鱼属：体延长，侧扁，侧线每侧5条，无鳔。我国已知有3种，分别为叉线六线鱼、大泷六线鱼、长线六线鱼。

种的检索表

1（2）第四侧线在腹鳍前部分两叉，上支不伸达腹鳍末端；背侧有7~8条暗色横带 .... 叉线六线鱼 *H. octogrammus*

2（1）第四侧线不分叉

3（4）尾鳍后缘凹入；第四侧线不伸越腹鳍末端；背鳍鳍棘部后端有一大棕斑 .... 大泷六线鱼 *H. otakii*

4（3）尾鳍后缘截形；第四侧线伸达臀鳍中部；背鳍有暗色斑点和云状斑纹 .... 长线六线鱼 *H. lagocephalus*

2. 分布

六线鱼科鱼类主要分布于西北太平洋水域的岩礁近岸水域，包括阿拉斯加海域和阿留申群岛，在北极圈内也有分布。大泷六线鱼主要分布于黄海和渤海沿岸，也见于朝鲜、日本和俄罗斯远东诸海，在我国主要产自山东和辽宁等地的近海。资源量很少，常年栖息于大陆和岛屿沿海水深50 m之内的岩礁附近水域底层，食性杂，喜集群，游泳能力较弱。在垂直分布上，大泷六线鱼栖息于较深的礁石水域，而斑头鱼和叉线六线鱼栖息在相对较浅的藻礁。

大泷六线鱼模式种产地：日本的东京市、青森县、长崎县。

（二）形态特征

大泷六线鱼生物学特征测量常规项目包括全长、体长、头长、头高、体高、眼径、尾柄长、尾柄高等。

全长：从头部前端至尾鳍末端的长度。

体长：从头部前端至尾部最后一根椎骨的长度。

头长：从头部前端至鳃盖骨后缘的长度。

头高：从头的最高点到头的腹面的垂直距离。

体高：身体的最大高度。

眼径：从眼眶前缘到后缘的直线距离。

尾柄长：从臀鳍基部后端到尾鳍基部垂直线的距离。

尾柄高：尾柄部分最低的高度。

大泷六线鱼体似纺锤形，侧扁，背缘弧度较小。体黄褐色，通体有白色斑点，背部黄色较深，腹部颜色较浅。头较小，上端无棘和棱。鼻孔两个，位于上颌上方。眼较小，后缘有一对羽状皮瓣突起。自眼隔到尾柄背侧不论个体大小均生有 9 个灰褐色大暗斑。

体长为体高的 1.10~1.17 倍，体长为头长的 3.48~4.00 倍，头长为头高的 1.37~1.59 倍。眼径较小，头长为眼径的 3.29~4.63 倍。尾柄较长，尾柄长为尾柄高的 1.25~1.79 倍。

背鳍 1 个，长且连续，从鳃盖后方延伸至尾柄处上有黑色条纹，鳍棘部与鳍条部之间有一浅凹。鳍棘部后上方有一显著的黑棕色大斑。胸鳍较大，侧下位，椭圆形，适合短距离冲刺、捕食猎物。体被小栉鳞，易脱落。

身体两侧各有 5 条侧线，其中第 1 条侧线延伸至背鳍后缘，第 4 条侧线始于胸鳍基下方，向后止于腹鳍后端的前上方。臀鳍浅绿色，有多条黑色斜纹。尾鳍后缘截形，微凹，灰褐色。

背鳍的起点始于鳃盖后方，背鳍鳍条数 38~43 枚，背鳍由一凹刻分为连续的两节；臀鳍鳍条数 18~22 枚；胸鳍鳍条数 17~18 枚；腹鳍鳍条数 5~7 枚，奇鳍鳍条间的鳍膜呈黄色、绿色或橙褐色；尾鳍鳍条 13~15 枚，鳍条均具在中后部分枝。第三条侧线最长居身体正中，由鳃盖后缘延伸至尾柄后，侧线鳞 80~128 枚；侧线上鳞 17~23 枚，侧线下鳞 41~50 枚，鳞片为小栉鳞。

（三）生态习性

1. 生活习性

大泷六线鱼为冷温性近岸底栖恋礁鱼类，较耐低温，生存温度 2~26 ℃，最适生长水温 16~21 ℃，在黄、渤海区域可以自然越冬。适应的盐度为 10~35，最适宜生长盐度为 26~32。大泷六线鱼惰性强，平时游动甚少，多底伏在近海岩礁区，栖息在有遮蔽物、光线微弱的礁石间。

2. 摄食习性

大泷六线鱼为杂食性鱼类，适应能力较强，全年均摄食，食谱较广，喜好虾、鱼、沙蚕和端足类等。繁殖期摄食量下降，但不停食，产卵后摄食强烈。摄食动作较斑头鱼更为敏捷,经常快速地窜起掠食中、上层饵料,很少像斑头鱼待食物下降到中、下层后才去摄食。大泷六线鱼幼鱼与成鱼之间食性转换不明显,成鱼以鱼、虾、蟹为主,幼鱼饵料中端足类、等足类和幼蟹等常见,均属底栖动物食性,这反映了大泷六线鱼的成鱼和幼鱼均营底栖生活。大泷六线鱼摄食的生物类群存在明显的季节变化,春、夏季以虾类和鱼类出现频率较高,端足类和等足类也较常见;秋、冬季以蟹、虾和鱼常出现,多毛类除秋季外均较常见。虾类在四季中均是最主要的饵料生物类群,出现的频率最高。

3. 生长特征

大泷六线鱼最大体长 60 cm,最大体重 4 kg,1~2 龄体长 10~15 cm,2~3 龄体长 20~30 cm。雌、雄大泷六线鱼低龄期(4 龄以内)的生长并未发现明显差异,但雄鱼生长到一定长度后,其生长速度就会减慢,而雌鱼为提高其繁殖力,继续保持较高的生长速率。高龄的雌鱼体长明显大于雄鱼,雌雄的差异也会随年龄越来越大。这种雌、雄繁殖群体间的个体差异是鱼类重要的繁殖生物学特征之一。大泷六线鱼个体较小,生长较快,寿命较短,世代更替快,性成熟早,怀卵量少,繁殖力低,资源量小,无大的自然群体。大泷六线鱼在 2 龄前为幼鱼生长阶段,此阶段生长旺盛,生长指标最大;2~3 龄进入成鱼生长阶段,此时摄入的食物部分用于性腺发育和脂肪积累,生长减缓,尤以 3~4 龄减缓明显;4 龄后生长继续平缓下降,进入衰老阶段。大泷六线鱼的生长拐点为 3~6 龄,意味着生长趋于缓慢,标志着衰老的开始。

(四)繁殖特性

大泷六线鱼为一次性、秋冬季产卵型鱼类。自然繁殖季节一般在 10 月中下旬至 11 月下旬,水温降至 18 ℃时开始产卵,产黏性卵,成熟鱼卵卵径一般为 1.62~2.32 mm。不同海域随纬度差异而稍有迟缓,纬度越高,时间越早,同一地点一般较大个体的产卵期比小个体的早。性成熟较早,一般在 2~3 龄,其中雄鱼早于雌鱼,雄鱼 2 龄大多数已性成熟,而雌鱼多数在 3 龄性成熟。性成熟的最小雄鱼体长为 10 cm 左右;初次性成熟的雌鱼,体长在 15 cm 左右。

大泷六线鱼多于近海沿岸岩礁区的江蓠、蜈蚣藻、松藻等藻类上产卵,也产于礁石、砾石、贝壳上。鱼卵刚产出时不显黏性,10 min 后,卵与卵之间互相黏着成不规则块状或球形。鱼卵颜色有较大差异，卵块呈灰白、黄橙、棕红、灰绿、墨绿等颜色，一般来说低龄鱼所产鱼卵颜色较深，高龄鱼卵块颜色稍浅。孵化时间较长，一般 20~25 d。

第二节　中上层鱼类

一、秋刀鱼

目前共有 4 种秋刀鱼分布在三大洋，分别是北大西洋秋刀鱼，主要分布于大西洋北部和地中海；太平洋秋刀鱼，主要分布于太平洋东部至夏威夷诸岛水域；大西洋秋刀鱼，主要分布于大西洋和印度洋；印度洋秋刀鱼，主要分布于印度洋和大西洋。其中太平洋秋刀鱼被大规模商业性开发，是日本、俄罗斯、韩国等地区的主要捕捞种类。

（一）分类地位及形态特征

1. 分类地位

秋刀鱼属硬骨鱼纲、颌针鱼目、颌针鱼亚目、竹刀鱼科、秋刀鱼属。

2. 形态特征

体扁，体型呈细圆棒状，背部几乎成一直线。吻小而端位，两颌多凸起，但不呈长缘状。尾鳍明显的深叉状。背鳍软条 8~11 条，小离鳍 6~7 条；臀鳍软条 10~14 条，小离鳍 6~9 条。牙细弱，侧线下位，沿着腹部。体背部及体侧上方为暗灰青色，腹侧则为银白色，体侧中央则有一银蓝色带，吻端与尾柄后部略带黄色。

（二）分布及其习性

秋刀鱼属中上层鱼类，是冷水性洄游鱼类。栖息在亚洲和美洲沿岸的太平洋亚热带和温带海域，主要分布于太平洋北部温带水域，包括日本海、阿拉斯加、白令海、加利福尼亚州、墨西哥等海域，即北纬18°~67°、东经137°至西经108°，其中在东经141°~147°、北纬35°~43°海域的分布密度最大。适温范围为10~24 ℃，最适温度15~18 ℃，栖息水深0~230 m。

（三）基础生物学特性

秋刀鱼是一种多次产卵型鱼类，其产卵期可持续2个月，每次产卵有500~3 000个/尾，产卵频度3~5次/年。因此，一尾成熟的秋刀鱼雌鱼的产卵量为1 500~15 000个/年。北太平洋秋刀鱼产卵季节很长，从秋季一直延续到翌年春季，秋季的主要产卵场在黑潮前锋北部的混合水域，冬春季则在黑潮水域，幼鱼的生长及存活率与不同产卵群体有关。秋刀鱼卵在14~20 ℃水温下，需要10~17 d的孵化期，刚孵化的秋刀鱼仔鱼全长6.22~6.74 mm，背部呈蓝青色，腹部呈银白色。当成长至约23 mm时，鱼体各鳍条发育接近完备，旋即进入稚鱼期，成长速度非常快，但成长率却依地方、产卵时间等的不同而有所变化。秋刀鱼最大体长可达35~40 cm，通常为25~30 cm。大约在1.5龄开始至2龄完全成熟。由于大于4龄的秋刀鱼几乎看不到，所以估计其寿命大约为3年。

秋刀鱼的索饵渔场主要在西北太平洋海域，其产卵场集中在日本北海道东部海域，基本上是南北向的季节性洄游。其摄食来源主要集中在不同的动物性浮游生物，包括水母、磷虾、鱼卵、仔稚鱼、桡足类、端足类和十足类等。摄饵活动主要在白天，夜里基本上不摄食，摄饵时的最适温度为15~21 ℃。

二、竹荚鱼

竹荚鱼类是重要的中上层鱼类资源之一，属大洋性跨界鱼类，它生长快、生产力高，广泛分布于世界三大洋和地中海。20世纪80年代后期，随着太平洋的竹荚鱼类资源的开发，资源状况也随厄尔尼诺现象不断出现而日趋见好。据报道，在未来的海洋渔业资源中，竹荚鱼是能增加人类消费潜在的9种鱼类之一。

（一）种类及其分布

竹荚鱼类分布于世界三大洋（太平洋、大西洋和印度洋）的亚热带温带和热带水域。主要有：大西洋竹荚鱼（*Tachurus trachurus*）、兰竹荚鱼（*T. picturatus*）；日本竹荚鱼（*T. japonicus*）、智利竹荚鱼（*T. murphyi*）、太平洋竹荚鱼（*T. symmetricus*）、地中海竹荚鱼（*T. mediterraneus*）、粗鳞竹荚鱼（*T. lathami*）、澳大利亚竹荚鱼（*T. picturatusaustralis*）、沙竹荚鱼（*T. delaga*）、南非竹荚鱼（*T. capensis*）、短线竹荚鱼（*T. trecae*）、新西兰竹荚鱼（*T. novae-zelandiae*）、印度竹荚鱼（*T. indicus*）、阿氏竹荚鱼（*T. aleevi*）、青背竹荚鱼（T. delvis）14 种。

（二）主要开发利用的竹荚鱼种类

主要开发利用的种类有日本竹荚鱼、新西兰竹荚鱼和青背竹荚鱼、太平洋竹荚鱼、智利竹荚鱼，分别分布在西北太平洋、西南太平洋、东北太平洋、东南太平洋。现分别对上述竹荚鱼的资源、渔场及其与环境关系等情况做一简述。

1. 日本竹荚鱼

日本竹荚鱼属暖水性亚热带的中上层种类，主要栖息于大陆架区。分布范围广，在日本海、黄海、东海、日本和朝鲜、韩国沿岸及俄罗斯滨海边区沿岸，以及日本的东岸和东南沿岸太平洋水域都有分布。其中以东海、日本沿岸水域和朝鲜海峡邻近水域密度为最大。

日本竹荚鱼在东海的分布与其体长有关，体长 15~23 cm 的小个体栖息于较冷水域；23 cm 以上的个体栖息于暖水中，最大个体则出现在分布区南部。日本竹荚鱼的个别群体还栖息在日本的太平洋南岸。日本竹荚鱼的分布区直到北纬 30° 以南，大批产卵是在本州和九州南岸的大陆架水域，一般在北纬 33° 附近。而有的年份，日本竹荚鱼幼鱼可出现在北纬 44° 附近水域。

按苏联在东海的调查，日本竹荚鱼有两个群体——中国群体和朝鲜群体。朝鲜群体从朝鲜海峡和济州岛浅水区向东海中部做产卵洄游，并随着大陆架水域的变冷而游向南方，栖息于大陆架深沟区附近。朝鲜群体产卵于东海中部北纬 27°~29°之间水域。高峰期在 4 月，整个产卵期为 3~6 月。其仔鱼被黑潮暖流冲带到日本西南沿岸附近。朝鲜群体在产卵后向朝鲜沿岸、对马海峡、济州岛等处进行索饵洄游。

中国群体产卵则更往南，随着大陆架水域开始变冷，该群体便沿着中国沿岸向东海西南区洄游，于 1~3 月在此处产卵，产卵高峰是在 1 月底至 2 月初。主要产卵场在台湾海峡入口处、台湾附近水域。孵化出的仔鱼被黑潮暖流冲带到日本西南沿岸附近的东北方。产卵后的中国群体随着水团的变暖，沿着东海西岸向北方索饵场洄游。

日本竹荚鱼通常形成蔓延数海里狭长带形的鱼群，渔获量变动较大。日本竹荚鱼形成有捕捞价值的鱼群集群地点是对马海峡东部、济州岛和北纬 27° ~32°的中部水域，栖息深度可达 150 m 水层，产卵前和产卵期间渔获量最高。此时鱼群密集，竹荚鱼开始产卵，直到 4 月份，日本的围网渔船在东海中部和西南部作业。日本竹荚鱼栖息温度是表温 14~22 ℃，最适温度为 16~18 ℃。

2. 新西兰竹荚鱼

新西兰竹荚鱼是新西兰大陆架水域的主要经济鱼类，分布范围极广。新西兰竹荚鱼幼鱼是极其喜暖的，集聚在新西兰北部水域。大型个体在渔获物中的比例是从南向北逐渐减少，而小型个体则逐渐增加。从北部的林格斯角到南部的斯丘阿尔特岛，一般全年均可在北岛和南岛北端水域捕到。其分布区北界与 13.5 ℃等温线相吻合，南界与 12.5 ℃等温线相一致。根据观察，渔获物中的鱼为 2~16 龄，体长 12~52 cm，最大体长为 55 cm；平均体长为 33.8 cm；平均年龄为 7.1 龄。

新西兰竹荚鱼分布的水层也很广阔，从沿岸区直到大陆斜坡，最密集的鱼群在 50~125 m 水层。鱼群向深海区延伸，主要有两个因素 —— 水文和饵料条件。随着夏季的过去，沿岸水域的浮游生物量逐渐减少，而此时大陆架和大陆斜坡区大群浮游生物的出现，为新西兰竹荚鱼创造了良好的索饵条件，可使其继续强烈地觅食。

在北岛和南岛间的辽阔浅水区经常有该鱼的主要产卵集群，故其主要洄游路线就在此处。随着分布区南部开始变冷，大型个体便离开生产力丰富的南岛索饵场向北方洄游，此时在南、北岛间的广阔水域内形成许多大型的新西兰竹荚鱼群体。在寒冷的 5~6 月，鱼群通过塔斯马尼亚湾。在温暖年份的 5~6 月，竹荚鱼仍继续索饵，直到 8 月底才逐渐向北方洄游。主要产卵场位于北岛西岸和东岸的浅水区，产卵水温为 16~23 ℃，最适水温为 18~20 ℃。产卵持续 8 个月。

3. 青背竹荚鱼

青背竹荚鱼又称南方竹荚鱼，分布在辽阔的澳大利亚水域，主要在澳大利亚的西岸和南岸的大陆斜坡范围内。有时在塔斯马尼亚海的暗礁处亦能看到鱼群。在澳大利亚东南岸和西南岸水域，以及在塔斯马尼亚水域都可以捕到大量青背竹荚鱼。

青背竹荚鱼在近大陆斜坡区产卵，仔鱼和稚鱼漂浮向沿岸。在澳大利亚湾的外部有以中型及大型浮游生物为主的饵料浮游动物，此处不仅是青背竹荚鱼的索饵场，也是青背竹荚鱼在夏秋季的产卵场。青背竹荚鱼最积极摄食是在清晨和傍晚。此湾中主要栖息着 26~36 cm、4~6 龄的个体，有时也出现体长 30~34 cm、5~6 龄的个体。最大个体栖息在澳大利亚东南水域。青背竹荚鱼于南半球的春季（10~11 月）产卵。

4. 太平洋竹荚鱼

太平洋竹荚鱼又称加利福尼亚竹荚鱼，栖息在亚热带和温带水域，栖息范围很广，从阿拉斯加湾到墨西哥沿岸的南加利福尼亚水域，从沿岸带直到离岸 1 500n mile 以外。在加利福尼亚湾中部的加利福尼亚沿岸水域数量最多，而在离岸 80~300n mile 处（北纬 30°~36°）鱼卵和仔鱼的数量最多。

太平洋竹荚鱼低龄种群全年栖息在加利福尼亚沿岸诸岛间的暗礁处，在岛间作小范围的洄游。大型个体则做远距离洄游；冬季栖息于美国和墨西哥的大陆架和大陆斜坡上部，春夏季鱼群离开 200n mile 经济区范围，向北方华盛顿州、俄勒冈州和大不列颠、哥伦比亚沿岸水域游动，然后到达阿拉斯加湾。因受厄尔尼诺现象的影响，太平洋竹荚鱼的分布区域变化比较大。

太平洋竹荚鱼过去仅是兼捕对象，所以产量一直不高，直到 1970 年，才列为加利福尼亚水域的主要捕捞对象。低龄的竹荚鱼（小于 6 龄）以围网捕捞，其出现海域在加利福尼亚的南部到加利福尼亚中部之间水域的近表层。大龄集群的竹荚鱼在加利福尼亚到阿拉斯加的近海外围出现。

5. 智利竹荚鱼

智利竹荚鱼又称秘鲁竹荚鱼，主要分布在东南太平洋，除沿岸国智利、秘鲁、厄瓜多尔捕捞外，还有保加利亚、古巴、韩国等生产。

（1）分类地位。

智利竹荚鱼属硬骨鱼纲、鲈形目、鲹科、竹荚鱼属。

（2）分布及其习性。

智利竹荚鱼是典型的中上层洄游鱼类，常出现于沿岸和岛屿陆架、浅滩和海山的浅水区，为集群性品种，常密集成群。栖息水深10~300 m，具有昼夜垂直洄游习性。智利竹荚鱼是太平洋南部数量众多的鱼种。分布于南美沿岸，在秘鲁和智利的200n mile经济区之外亦有分布。

（3）基础生物学特性。

智利竹荚鱼最大体长叉长70 cm，最大寿命至少为35龄。研究认为，智利竹荚鱼2龄鱼体长约为21cm，3龄鱼约为26 cm，4龄鱼约为31 cm，5龄鱼约为35 cm，9龄鱼约49 cm。在外海表层水域以桡足类、磷虾为食；在中层水域则以串灯鱼等为食。

繁殖能力中等，首次性成熟叉长为200~250 mm，群体分批产卵，年补充量非常高，个体生长迅速。每年8月到翌年3月为智利竹荚鱼的产卵期，在急流中产卵，卵呈浮性。在近海，从秘鲁南部到智利南部的南纬41°都有其产卵场所，在秘鲁和智利的200n mile经济区以外的水域（南纬1°~43°），亦有产卵。

据有关文献，在“竹荚鱼带”内存在三个不同区域的智利竹荚鱼产卵场：①西经78°~90°（偶尔延伸至西经100°~105°）、南纬38°~42°。产卵季节1~3月。这里捕获的竹荚鱼年龄多为3~5龄，体长31~36 cm。②西经105°~125°、南纬35°~48°之间。产卵期为年底，年龄多在4龄以上，一般体长大于34 cm。③西经130°~135°、南纬35°~40°。

产卵期从8~9月开始至翌年1月，在此捕获的竹荚鱼多为大型个体。

关于智利竹荚鱼洄游规律迄今尚不十分清楚。一般认为，在近海，智利竹荚鱼进行着南北洄游，在“竹荚鱼带”内，在南纬40°附近智利竹荚鱼主要洄游方向由东向西，其间还进行着短距离的南北洄游。

（三）各渔区竹荚鱼渔获品种产量

竹荚鱼捕获量主要来自东南太平洋、东北太平洋、西北太平洋、东南大西洋、中东太平洋。其中东南太平洋海域渔获种类为智利竹荚鱼；东北大西洋海域为大西洋竹荚鱼和竹荚鱼类；西北太平洋海域为日本竹荚鱼；东南大西洋海域为南非竹荚鱼、短线竹荚鱼和竹荚鱼类；中东大西洋海域为大西洋竹荚鱼和竹荚鱼类。东、黄海的竹荚鱼资源基本被日本和韩国利用。

三、黄鲫

黄鲫（*Setipinna taty*）隶属于鲱形目（Clupeiformes）、鳀科（Engraulidae）、黄鲫属（*Setipinna*），俗称：毛口、黄尖子等。它是一种暖水性、浮游动物食性的小型中上层鱼类，分布于渤海、黄海、东海和南海的近海。在渤海，自20世纪80年代以来，黄鲫一直是主要优势种，每年进行长距离洄游。此外，在日本、越南、泰国、缅甸、印度和印度尼西亚附近海域也可见其踪迹。

（一）洄游

渤海的黄鲫群体在黄海越冬，越冬场位于黄海南部济州岛以西、西南侧及长江口外海，水深约为30 m。冬季，那里的底层水温为10~14 ℃，盐度为33.0~34.0，越冬期是12月至翌年3月。每年3月上旬，随着水温逐步回升，黄鲫开始从越冬场进行生殖洄游，洄游路线大体分成三支：第一支向西偏南洄游，进入吕泗和长江口一带水域；第二支向西北洄游，到达海州湾至石岛一带的近岸水域；第三支向北偏西洄游，至成山头附近再分为两支，主群进入渤海，另一小部分群体抵达黄海北部近岸水域。秋季，随着渤海水温下降，黄鲫群体通常在11月份，陆续离开渤海，基本按照春季洄游的路线，向黄海越冬场游去。

（二）数量分布与环境的关系

1. 春季

黄鲫一般在5月进入渤海，这时渤海近岸水域表层的平均水温已达到16.1 ℃，底层为15.1 ℃，由于水温较高的缘故，使其在渤海的分布范围比较广。春季，在渤海近岸水域各区域中，莱州湾水温最高，表层为14.2~19.8 ℃，平均值为16.7 ℃；底层为13.8~19.7 ℃，平均值为16.2 ℃，此时，黄鲫的分布以莱州湾的数量最大，湾内的相对高温区在西南部,黄鲫的密集区也是在湾的西南部。其次,数量较多的是渤海湾,其表层水温为13.4~19.0 ℃,平均值为16.6℃;底层水温为12.3~18.7 ℃,平均值为15.8 ℃。其他区域的水温要低一些,因此,黄鲫的密度也小一些。

2. 夏季

在渤海,夏季的水温是一年中最高的季节。8月,渤海近岸水域的表层平均水温为26.1 ℃,底层平均水温为22.9 ℃。总体来看,表、底层水温均呈现近岸高于远岸的分布特点,夏季,黄鲫的平均密度比春季有所增加。从区域来看,莱州湾的水温仍然最高,表、底层的平均水温分别为26.7 ℃、24.2 ℃,同样,黄鲫的密度也依然是莱州湾最大。

3. 秋季

10月,渤海水温已经下降,近岸水域的表层平均水温为21.2 ℃,底层平均水温为21.3 ℃,水温的分布趋势是近岸低于远岸。秋季,由于当年新生群体的补充,渤海黄鲫的平均密度又比夏季明显增大。从黄鲫的分布特点来看,近岸的密度要低于远岸。从区域进行比较,辽东湾黄鲫的密度最大,其次是莱州湾,水温则是辽东湾最低,莱州湾最高。由此看来,黄鲫的密度分布与水温的关系已经不像春季那样密切了。

四、鳀鱼

鳀鱼是世界上单鱼种年产量最高的鱼类,也是我国有史以来年产量最大的单鱼种鱼类。鳀鱼的开发大幅度提高了我国的捕捞产量,减轻了其他经济鱼类的捕捞压力,促进了沿海地区的水产加工业(鱼粉、鱼油)的发展。鳀鱼在黄海、东海乃至全国渔业中占有重要地位。

(一)洄游与分布

12月初至次年3月初为黄海鳀鱼的越冬期。越冬场大致在黄海中南部西起40 m等深线,东至大、小黑山一带。3月,随着温度的回升,越冬场鳀鱼开始向西北扩散移动,相继进入40 m以下浅水域。4月,随着黄渤海近海水温回升,黄海中南部,包括部分东海北部的鳀鱼迅速北上。4月中旬前后绕过成山头,4月下旬分别抵达黄海北部和渤海的各产卵场。位置偏西的鳀鱼则沿 20 m 等深线附近向北再向西进入海州湾。5 月上旬，鳀鱼已大批进入黄海中北部和渤海的各近岸产卵场，与此同时，在黄海中南部和东海北部仍有大量后续鱼群。5 月中旬至 6 月下旬为鳀鱼产卵盛期。其后逐步外返至较深水域索饵。7、8 两月大部分鳀鱼产卵结束，分布于渤海中部、黄海北部、石岛东南和海州湾中部的索饵场索饵。同时在黄海中南部仍有部分鳀鱼继续产卵。9 月，分布于渤海和黄海北部近岸的鳀鱼开始向中部深水区移动。黄海中南部的鳀鱼开始由 20~40 m 的浅水域向 40 m 深水域移动并继续索饵。10 月，鳀鱼相对集中于石岛东南的黄海中部和黄海北部深水区，同时黄渤海仍有鳀鱼广泛分布。11 月，随着水温的下降，鳀鱼开始游出渤海，与黄海北部的鳀鱼汇合南下。12 月上旬，黄海北部的大部分鳀鱼已绕过成山头，进入黄海中南部越冬场。

东海的鳀鱼春季（3~5 月）主要分布在长江口、浙江北部沿海及济州岛西南部水域。夏季（6~8 月）大批鳀鱼北上进入黄海，分布密度显著下降，同时主要分布区域有明显的向北移动现象。秋季（10~12 月）鳀鱼分布较少，仅在济州岛西南部及浙江南部和福建北部沿海有少量鳀鱼出现。冬季（1~3 月）鳀鱼主要分布于东海沿海水域，集中在北纬 28°~32°30'，东经 123°~125° 的范围内。

浙江近海鳀鱼主要有两个群体。第一为生殖群体，主要出现在 12 月到翌年 1 月，分布在 10 m 等深线以东海域，群体组成以 90~114 mm 为优势体长组。第二为当年生稚幼鱼，出现于 5~9 月，其分布与很多其他鱼类相反，分布区域偏外，集中在 15~30 m 等深线附近海区，主要由优势体长组 40~64 mm 的个体组成。

（二）鳀鱼渔业状况

我国黄、东海蕴藏着丰富的鳀鱼资源，资源量超过 300 万 t。自 20 世纪 90 年代以来，我国鳀鱼产量直线上升，由 1990 年的不到 6 万 t 到 1995 年的 45 万 t，1997 年更超过了 100 万 t，1998 年达到最高 150 万 t，其后两年下降到 100 万 t。鳀鱼的开发大幅度提高了我国的捕捞产量，减轻了其他经济鱼类的捕捞压力，促进了沿海地区的水产加工业（鱼粉、鱼油）的发展。鳀鱼在黄海、东海乃至全国渔业中占有重要地位。

目前，在黄海的鳀鱼主要作业形式为机轮变水层拖网。历史上还曾有过大拉网（主要捕捞幼鱼）、近岸小围网和近岸流网等。另外，沿岸定置网产卵季节也有大量兼捕。鳀鱼产量在20世纪90年代呈直线上升趋势。1998年全国达到最高150万t的产量。产量的提高与捕捞力量的大量投入有关。在此之前鳀鱼的单位努力量产量(CPUE)已开始呈下降趋势。1998年以后,在捕捞力量继续加大的情况下,鳀鱼产量反而下降20%以上。2000年全国产量降到100万t以下。

东海区规模性专业捕捞鳀鱼开始于20世纪90年代,主要的作业渔具除了传统的海蜓网等,还应用大马力变水层拖网捕捞鳀鱼。

黄海鳀鱼的主要作业渔场为黄海中南部的越冬场渔场、黄海中部夏秋季的索饵场渔场和春夏之交的近岸产卵群体渔场。由于黄海鳀鱼的越冬繁殖和索饵主要都是在黄海进行的,实际上一年四季均可生产。

鳀鱼属小型中上层鱼类,生殖周期短,对环境条件适应范围广,分布水域广阔,此资源的自我恢复能力强。其资源变动主要取决于自然条件的变化,包括种间竞争。但在黄海这样半封闭的较浅水域对其进行全年性的大规模捕捞已对鳀鱼资源构成影响。具体表现为单位努力量产量(CPUE)的下降,资源总量的减少。

第三节　中底层鱼类

地中海竹荚鱼分布在北纬20°~47°的东大西洋的比斯开湾至毛里塔尼亚,包括地中海,其亚种也出现于马尔马拉海、黑海及亚速海的南部与西部。

该种属中底层鱼类,常出现于近底层,中心渔场水深为5~250 m,也时常活动于水域表层、中上层,结成大群洄游;常与其他竹荚鱼(大西洋竹荚鱼、蓝竹荚鱼)混群;最长叉长为60 cm;主要摄食桡足类、小型甲壳类、虾类与小型鱼类(特别是沙丁鱼、鳀鱼)等。卵浮性,一般在夏季产卵。

该种类已商业性开发,也是游钓业的捕捞对象,大多数产品鲜销、盐干、烟熏、制罐及制鱼糜。

第四节　底层鱼类

一、带鱼

带鱼广泛分布于中国、朝鲜、日本、印度尼西亚、菲律宾、印度、非洲东岸及红海等海域。我国渔获量最高，约占世界同种鱼渔获量的70%~80%。带鱼是我国重要的经济鱼类，一直为国家渔业机轮和群众渔业机帆船作业的共同捕捞对象，对我国海洋渔业生产的经济效益起着举足轻重的影响。

广泛分布于我国的渤海、黄海、东海和南海的带鱼主要有两个种群：黄渤海群和东海群。另外，在南海和闽南、台湾浅滩还存在地方性的生态群。

黄渤海种群带鱼产卵场位于黄海沿岸和渤海的莱州湾、渤海湾、辽东湾。水深 20 m 左右，底层水温 14~19 ℃，盐度 27.0~31.0，水深较浅的海域。

3~4 月带鱼自济州岛附近越冬场开始向产卵场作产卵洄游。经大沙渔场，游往海州湾、乳山湾、辽东半岛东岸、烟威近海和渤海的莱州湾、辽东湾、渤海湾。海州湾带鱼产卵群体，自大沙渔场经连青石渔场南部向沿岸游到海州湾产卵。乳山湾带鱼产卵群体，经连青石渔场北部进入产卵场。黄海北部带鱼产卵群体，自成山头外海游向海洋岛一带产卵。渤海带鱼的产卵群体，从烟威渔场向西游进渤海。产卵后的带鱼于产卵场附近深水区索饵，黄海北部带鱼索饵群体于 11 月在海洋岛近海同烟威渔场的鱼群向南移动。海州湾渔场小股索饵群体向北游过成山头到达烟威近海，大股索饵群体分布于海州湾渔场东部和青岛近海索饵。10 月，向东移动到青岛东南，同来自渤海、烟威、黄海北部的鱼群汇合。乳山渔场的索饵群体 8~9 月分布在石岛近海，9、10、11 月先后同渤海、烟威、黄海北部和海州湾等渔场索饵群体在石岛东南和南部汇合，形成浓密的鱼群，当鱼群移动到北纬 36°以南时，随着陡坡渐缓，水温梯度减少，逐渐分散游往大沙渔场。秋末冬初，随着水温迅速下降，从大沙渔场进入济州岛南部水深约 100 m，终年底层水温 14~18 ℃，受黄海暖流影响的海域内越冬。东海群的越冬场，位于北纬 30°以南的浙江中南部水深 60~100 m 海域，越冬期 1~3 月。

春季分布在浙江中南部外海的越冬鱼群，逐渐集群向近海靠拢，并陆续向北移动进行生殖洄游，5 月，经鱼山进入舟山渔场及长江口渔场产卵。产卵期为 5~8 月，盛期在 5~7 月。8~10 月，分布在黄海南部海域的索饵鱼群最北可达北纬 35°附近，可与黄渤海群相混。但是自从 20 世纪 80 年代中期以后，随着资源的衰退，索饵场的北界明显南移，主要分布在东海北部至吕泗、大沙渔场的南部。10 月，沿岸水温下降，鱼群逐渐进入越冬场。

在福建和粤东近海的越冬带鱼在 2~3 月开始北上，在 3 月就有少数鱼群开始产卵繁殖，产卵盛期为 4~5 月，但群体不大，产卵后进入浙江南部，并随台湾暖流继续北上，秋季分散在浙江近海索饵。

分布在闽南 - 台湾浅滩一带的带鱼，不做长距离的洄游，仅随着季节变化做深、浅水间的东西向移动。

南海种群在南海北部和北部湾海区均有分布，从珠江口至水深 175 m 的大陆架外缘都有带鱼出现。一般不作远距离洄游。

二、小黄鱼

小黄鱼广泛分布于渤海、黄海、东海。是我国最重要的海洋渔业经济种类之一，与大黄鱼、带鱼、墨鱼并称为我国“四大渔业”，历来是中、日、韩三国的主要捕捞对象之一。

小黄鱼基本上划分为四个群系，即黄海北部 - 渤海群系、黄海中部群系、黄海南部群系、东海群系，每个群系之下又包括几个不同的生态群。

黄海北部 - 渤海群系主要分布于黄海北纬 34°以北黄海北部和渤海水域。越冬场在黄海中部，水深 60~80 m，底质为泥沙沙泥或软泥，底层水温最低为 8℃，盐度为 30~34，越冬期为 1~3 月。之后，随着水温的升高，小黄鱼从越冬场向北洄游，经成山头分为两群，一群游向北。另一群经烟威渔场进入渤海，在渤海沿岸鸭绿江口等海区产卵。另外，朝鲜西海岸的延坪岛水域也是小黄鱼的产卵场，产卵期主要为 5 月。产卵后鱼群分散索饵，在 10~11 月随着水温的下降，小黄鱼逐渐游经成山头以东,东经 124°以西海区向越冬场洄游。

黄海中部群系是黄、东海小黄鱼最小的一个群系,冬季主要分布在北纬 35°附近的越冬场,于 5 月上旬在海州湾、乳山外海产卵,产卵后就近分散索饵,11 月开始向越冬场洄游。

黄海南部群系,一般仅限于吕泗渔场与黄海东南部越冬场之间的海域进行东西向的洄游移动。4~5 月在江苏沿岸的吕泗渔场进行产卵,产卵后鱼群分散索饵,于 10 月下旬向东进行越冬洄游,越冬期为 1~3 月。

东海群系越冬场在温州至台州外海水深 60~80 m 海域,越冬期 1~3 月。该越冬场的小黄鱼于春季游向浙江与福建近海产卵的,主要产卵场在浙江北部沿海和长江口外的海域,亦有在余山、海礁一带浅海区产卵,产卵期 3 月底至 5 月初。产卵后的鱼群分散在长江口一带海域索饵。11 月前后,随水温下降向温州至台州外海做越冬洄游。东海群系的产卵和越冬属定向洄游,一般仅限于东海范围。

三、犬牙南极鱼

犬牙南极鱼(俗称为:南极犬牙鱼)属硬骨鱼纲、辐鳍鱼纲鲈形目、南极鱼科、犬牙南极鱼属。

(一)形态特征

小鳞犬牙南极鱼:背棘(总)8~10 条,背部软鳍条(总)28~30 条,肛门刺 0,肛门软射线 28~30 cm,椎骨 53~54 cm。侧线鳞 88~104 cm(上部),61~77 cm(下部)。最长有 220 cm,最重为 150 kg,最长年龄为 50 龄以上。

莫氏犬牙南极鱼:背棘(总)8~9 cm,背部软鳍条(总)25~27 cm,肛门软射线 25~26 cm。身体呈褐色,有 4 个不规则且不完整的黑色横杆和暗沉。最长有 175 cm,最重为 80 kg,报告的最大年龄为 31 龄。

(二)分布及其习性

犬牙鱼属资源分布包括了犬牙南极鱼属资源分布的大部分区域。南极海洋生物资源养护委员会(CCAMLR)公约区外的 41 区、51 区、57 区和 87 区也有小鳞犬牙南极鱼分布,但资源分布量相对较少。

从品种上分，小鳞犬牙南极鱼约占总产量的 70%，莫氏犬牙南极鱼约占总产量的 30%。小鳞犬牙南极鱼主要分布：①东南太平洋和西南大西洋在阿根廷和马尔维纳斯群岛周围、智利南部海岸；②太平洋西南部麦夸里岛(Macquarie)；③南大洋南乔治亚岛(South Georgia)。大部分资源分布在澳大利亚、法国属地、新西兰、南非和英国所属的亚南极区岛屿专属经济区和毗邻水域，智利、阿根廷、马尔维纳斯专属经济区内。秘鲁水域也有少量捕捞小鳞犬牙南极鱼的渔业，但因未向南极生物资源养护公约委员会报告产量，目前捕捞产量不了解。马尔维纳斯群岛保护区(覆盖了 1/3 的巴塔哥尼亚大陆架和大陆斜坡)和东部的浅水区也有丰富的小鳞犬牙南极鱼资源分布，而且大部分区域目前还未受到违法的、未报告的和未被管理的(IUU)捕捞的破坏。

南美地区周围的小鳞犬牙南极鱼分为明显的不同种群(东、西部沿海可作为划分种群的标准)。相关信息表明，布维岛(Bouvet)、爱德华王子岛(Prince Edward)、克罗泽岛(Crozet)、克尔格伦群岛(Kerguelen)、赫德岛(Heard)、麦夸里岛、亚南极岛周边海域和大洋浅滩及海底山脉之间的种群是不同的，并可根据地理分布来有效地划分这些种群。

莫氏犬牙南极鱼主要分布在南大洋极地海岸带，分布区为南纬 65° 以南的 88.1、88.2、48.5 (48.5 区禁止捕捞犬牙南极鱼属)、48.6、58.4.1 和 58.4.2 区。在南纬 65° 以北的 48.1、48.2 和 48.4 区也捕到莫氏犬牙南极鱼。

（三）基础生物学特性

小鳞犬牙南极鱼和莫氏犬牙南极鱼两种鱼类都分布在 3 000 m 的水深至大陆或岛屿周围的大陆架之间及海底浅滩海域，适宜水温范围为 2~11 ℃，偶然也游离海底进行捕食。犬牙南极鱼以其他鱼类、章鱼、鱿鱼和甲壳类动物为食。两种鱼都被抹香鲸和海象等大型哺乳动物捕食，但捕食的规模尚不知道。通常，由于这两种鱼很大，很难被其他猎捕者所捕食。南大洋的小鳞犬牙南极鱼与南美高原水域(Southern American Plateau)的小鳞犬牙南极鱼之间几乎没有基因交流，而且在南大洋，南极洲附近岛屿周围水域里相对隔离的小鳞犬牙南极鱼种群的基因也不同。这表明，很少有长距离的小鳞犬牙南极鱼基因交流，各地小鳞犬牙南极鱼小群体之间也是独立的。这些研究结果说明，在制定小鳞犬牙南极鱼的管理方案时，应该为不同种群的小鳞犬牙南极鱼制定不同的方案。

小鳞犬牙南极鱼是南大洋大型底层鱼类，栖息水深 50~3 850 m，成鱼生活水深大多为 2 500~3 000 m，幼鱼大多在浅水区。深水生物分布研究表明，小鳞犬牙南极鱼只分布于水深为 2 500 m 的大陆坡，最宽不超过 50n mile。体长为 70~95 cm（6~9 龄）的个体其性腺已成熟。通常冬季（6~7 月）在至少 1 500 m 的水下产卵繁殖，卵子和幼鱼浮游于海面上，幼鱼至少待在水面上几个月，以浮游生物为生，随着逐渐长大，它们开始向位于更深处的海床游去。智利海域的小鳞犬牙南极鱼几乎全部吃其他的鱼类，而南乔治亚岛（South Georgia）周围海域的小鳞犬牙南极鱼主要从 1 000 m 以下海底鱼类中获取食物。它们的消化系统已习惯了大体积的食物。小鳞犬牙南极鱼的食物组成随地区和海水深度的不同而不同。

在智利水域，产卵场在南纬 47° 以南，可能在南纬 53°~57° 的海区，产卵期为每年的 6~8 月。该鱼种的产卵量较小，每尾鱼、每一产卵季节，随体长和位置不同，产 48 000~500 000 个鱼卵不等。小鳞犬牙南极鱼的生命周期较长、性成熟较晚、低繁殖率，很容易遭受到过度捕捞。

莫氏犬牙南极鱼，出现在更南的地区并且限制在南纬 65° 以南的南极水域。莫氏犬牙南极鱼最长为 175 cm，最重为 80 kg。体长为 140~165 cm 的个体，其寿命估计为 22~30 龄。南极海洋生物资源养护委员会渔业资源评估小组（WG-FSA）已注意到：莫氏犬牙南极鱼比小鳞犬牙南极鱼生长要快，但最大体长要小。

莫氏犬牙南极鱼达到性成熟的体长与小鳞犬牙南极鱼相似，体长为 70~95 cm、年龄为 8~10 龄，8~9 月到大陆坡产卵。莫氏犬牙南极鱼的卵和幼体均为浮性的（在海面自由游泳 / 漂浮），幼体以浮游动物为食，主要以磷虾（*Euphausia superba*）为食，成鱼主要吃头足类动物（cephalopod）。该鱼种的繁殖力由体长决定，其繁殖力为 47 万 ~140 万卵粒。

生物学研究表明，相对于小鳞犬牙南极鱼而言，莫氏犬牙南极鱼繁殖力更强，生长更快，但生命周期较短。这些特征使得它相对比小鳞犬牙南极鱼不易受到过度捕捞。目前南极海洋生物资源养护委员会评估认为，莫氏犬牙南极鱼比小鳞犬牙南极鱼生产率高，并且分布在高纬度地区，这需要做进一步的研究。莫氏犬牙南极鱼主要分布在南纬 60° 以南海域，使得该种类受到保护，因为在可能捕到该种类的 48.1 和 88.2

海区，一年中海冰覆盖 8 个月，有效降低了捕捞强度。

莫氏犬牙南极鱼的血液和身体组织中含有抗寒冷蛋白，因为海水低于鱼的身体组织的正常冰点。小鳞犬牙南极鱼的身体组织中不含有这种蛋白，因为它们生活于较暖的水中。

第三章

海洋贝类、甲壳类、藻类、海兽类资源

海洋中除了鱼类资源之外，还有丰富的贝类、甲壳类、藻类、海兽类资源，本章对此展开介绍。

第一节　贝　类

一、牡蛎、贻贝和扇贝

(一)种类资源

在双壳类软体动物中，90% 的渔获物是牡蛎、贻贝和扇贝。

牡蛎也叫蚝、蛎黄、海蛎子，两壳较大，形状不同，表面粗糙，暗灰色，边缘较光滑；上壳中部隆起，下壳附着于其他物体上；两壳的内面均白色光滑。牡蛎在全世界有 100 多种，我国沿海有 20 多种，从南到北都有生长。人工养殖较多的有近江牡蛎、长牡蛎、僧帽牡蛎和太平洋牡蛎等。

贻贝俗称海红，又名壳菜，略呈楔形，壳面平滑而有光泽，壳缘是鲜艳的翠绿色,有的个体可长达 20 cm。产量较高的种类有紫贻贝、翡翠贻贝、加州贻贝等。唐人称其为“东海夫人”。

扇贝的外形恰似一把打开的小扇子,故而得名。扇贝的壳面一般为紫褐色、浅褐色、黄褐色、红褐色、杏黄色、灰白色等颜色,并有美丽的斑纹,壳面有同心圆状的生长线,壳顶向壳缘纵生有许多辐射状的放射线。扇贝的种类亦很多,分布广泛,世界各海洋里都有。我国南方种类较多,主要是华贵栉孔扇贝等,北方主要是栉孔扇贝等。

(二)生物学特性

从它们的生活方式上说,有些贝类如牡蛎、贻贝、扇贝、砗磲等是营固着生活,喜附着于海底岩石、沙砾、码头、木桩、绳缆、浮标、船底及其他固体附着物上生活。在自然条件下,它们多栖于河口附近靠外海的潮流畅通的海域。如贻贝等主要摄食海水中微小的浮游植物和有机碎屑,包括腐烂分解的动植物尸体、动物粪便和城市污水中的有机物。砗磲主要以各种藻类为食。扇贝和贻贝、珍珠贝一样,用足丝附着在浅海岩石或沙质海底生活,一般一壳在上而另一壳在下平铺于海底。扇贝平时不大活动,但当感到环境不适宜时,能够主动地把足丝脱落,做较小范围的游动。扇贝为滤食性动物,对食物的大小有选择能力,但对种类无选择能力。

珍珠贝喜生活于热带、亚热带海域,因此印度洋热带海岸是有名的海洋珍珠产地。其在我国仅分布于南海。我国是开采和利用珍珠最早的国家,早在公元前 2000 年就有记载;也是人工养殖珍珠最早的国家,约在公元 900 多年宋朝就有记述。我国产的珍珠,尤其是广西的合浦珍珠更是早负盛名,以颗粒圆润,凝重结实,色泽艳丽、宝光莹沟而驰名中外,为其他国家所不及,自古以来就有“西(西欧)珠不如东(日本)珠,东珠不如南(南海)珠”的公认评价,在国际市场上享有很高声誉,合浦也因此享有“珍珠城”“珠市”的美名。南海适于珍珠生长,可供养殖珍珠贝的水域非常大,那里水温高,珍珠成长快,所以珍珠养殖场已遍布我国南海沿岸。如广西的北海、东兴等地,北部湾沿岸,广东的陵水、海康等地,都是有名的养殖珍珠的地方。从全世界看,日本是人工养殖珍珠最多的国家。

泥蚶栖于内湾潮间带软泥滩中,生长甚为缓慢,三年才长到 3.2 cm。毛蚶生活于外海性浅海的深水处泥沙滩上。它们张开双壳,利用鳃纤毛的活动，使水中的植物碎屑和浮游硅藻类随水流入，经鳃过滤后摄食。

（三）资源价值

贝壳的用途很广，因其含碳酸钙极高，可以用来烧石灰、作水泥。许多地方如台湾海峡的沉积物中都含有贝壳。有些地区贝壳物质积聚的总厚度竟达几十米。人们可以在贝壳富集区建立生产平台，开采贝壳物质并煅烧成氧化钙（即生石灰），接着把它投放到海水里，它会产生镁沉淀，再经加工处理就可提取金属镁，这是潜在的经济资源，美国已利用20年。贝壳粉可作油漆的添加剂，某些贝壳甚至还可以作为简单的工具使用，大者如美丽的砗磲壳可作水盆、小孩洗澡盆或作猪食槽，小者如红螺壳可作烟灰缸等；还可以作成各种精致的工艺品，扇贝肋纹整齐美观，是制作贝雕工艺品的良好材料。

海洋贝类大部分可以食用。从营养上来说，贝类的可食部分比例较少，为20%~50%，但肉质细嫩，味道鲜美，营养丰富，有不少是著名的海味佳品，如牡蛎、鲍鱼等，被誉为海珍品。牡蛎肉素有“海底牛奶”之美称。牡蛎肉兼有细肌肤、美容颜及降血压和滋阴养血、健身壮体等多种作用，因此在诸多的海洋珍品中，许多人唯独钟情于牡蛎。牡蛎肉含蛋白质45%~57%，脂肪7%~11%，肝糖19%~38%。它的干制品叫蚝干，还可以制造蚝油，是名贵的调味料。我国已有两千多年的养殖历史。在世界贝类养殖中牡蛎占首位。贻贝含蛋白质53%，脂肪6.9%，肝糖17.6%及色氨酸、赖氨酸、亮氨酸等8种人体不能合成的氨基酸，所以被称作海中的鸡蛋。它既可鲜食，也可作成罐头。其干制品叫淡菜，是驰名中外的佳品。贻贝油也是一种美味的调味料。贻贝养殖已逐渐发展成为我国第二大水产专业生产，黄渤海沿岸的辽宁、河北、江苏、山东等省均有养殖。扇贝闭壳肌的干制品叫干贝，是餐桌上的美味，亦属高级佳品。砗磲的闭壳肌很肥大，其干制品叫蚝筋，是南海的名产。蚶肉鲜美爽口，自古就被背为滋补佳名，佐酒名菜。

贝类不仅可以食用，而且许多种类还可作药用。例如，从一种骨螺中提取的骨螺素可作肌肉松弛剂；用红螺、海蛤粉、海螵蛸、海藻等制成的四海舒郁丸，用以治疗甲状腺癌；鲍鱼壳是有名的石决明，有平肝明目之效，主治肝风眩晕、青盲内障等症，《本草纲目》记载：“鲍可平血压，治头晕、目花症。”砗磲壳则有镇静、安神、解毒的功能。

还有的贝类能够孕育珍珠，如珍珠贝。它们全身都是宝，在海洋捕捞和水产养殖中扮演着非常重要的角色。珍珠是怎样形成的呢？珍珠和珍珠层(珍珠贝内壳)是由贝体外套膜所分泌的结晶状碳酸钙和贝壳质交互重叠而成的。它不但含有丰富的钙,而且含有磷、镁、锰、铜、铝等多种元素和多种氨基酸,因此珍珠在医药上用处也很大,它有安神定惊、清热解毒、去翳明目、消炎生肌之效；珍珠粉有止血、消炎、解毒和生肌收敛之功,曾被用于战时的刀枪伤口的治疗,可供六神丸等多种成药或与其他药物配伍之用,对于治疗小儿高烧、高血压、胃及十二指肠溃疡、皮肤糜烂等疾病都有良好的效果。作装饰的用途也很广,如戒指、项链、别针和衣冠服履点缀等。贝壳的珍珠层具有和珍珠相同的成分和医药功能。出口 1 kg 珍珠相当于几十吨大米的价值,在国际市场上甚至一颗质量优良的巨大珍珠,能抵得上几吨甚至几十吨大米的价值。

二、鲍鱼、红螺

(一)种类资源

腹足类的种类也很多,主要有鲍鱼、红螺等。

鲍鱼,主要由背部坚硬的外壳和壳内柔软的内脏与肉足组成。它的体外披一个宽大而坚硬的石灰质贝壳,样子像人的耳朵,所以有人称它为“海耳”。全世界 90 余种。它们的足迹遍及太平洋、大西洋和印度洋。中国渤海海湾产的叫皱纹盘鲍,个体较大；东南沿海产的叫杂色鲍,个体较小；西沙群岛产的半纹鲍、羊鲍,是著名食用鲍。由于天然产量很少,因此价格昂贵。

红螺的贝壳呈球状,表面常生有肋纹及棘突,由于壳的内壁光滑且呈橘红色而得名。我国常见的有红螺和南方的皱红螺。红螺分布广,以渤海湾产量较高,主要产地有大连、烟台、威海、青岛等地,这些地区有丰富的海水资源,利于红螺生长育肥。

(二)生物学特性

鲍鱼、红螺则喜栖于海底。

鲍鱼喜栖于海水清澈、水流湍急、海藻生长繁茂的区域,吸附在几米至十米的浅海海底的岩礁上或附在岩缝中生活。它以海带、裙带菜、马尾藻等海藻为食,喜欢昼伏夜出,晚 10 点后至凌晨 3 点,在海藻丛生的地方活动,觅食。它有一种归巢习性,不论走出多远,快到天明时总是缓慢地爬回原来的“家”。它行动缓慢,每分钟只能爬半米,当遇敌袭击时,则把身体紧紧缩在贝壳之下,足牢牢吸附在岩石上。其足的吸着力相当惊人,一个壳长 15 cm 的鲍鱼,其足的吸着力高达 200 kg,任凭狂风巨浪袭击,都不能把它掀起。捕捉鲍鱼时,只能乘其不备,以迅雷不及掩耳之势用铲铲下或将其掀翻;否则,即使砸碎它的壳也休想把它从附着物上取下来。

红螺对生活环境要求比较高,一个好的生活环境,对红螺的生长发育速度有很大的影响,比如海水温度、光照环境、酸碱度、水藻数量都是红螺生长的必要条件,现在我国符合红螺生长的海域也是比较多的。红螺常喜欢生活在比较温暖的海域,而且对海水咸度要求比较高,咸度高的海域,红螺生长速度快,而且进食能力强,这也显著提升了红螺的出肉率。

(三)资源价值

鲍鱼被称作海味之冠。欧洲人生吃鲍鱼,并把鲍鱼誉为“餐桌上的软黄金”。我国清朝时期,宫廷中就有所谓“全鲍宴”。它肉质鲜美,营养丰富。“鲍、参、翅、肚”,都是珍贵的海味,而鲍鱼列在海参、鱼翅、鱼肚之首。

红螺的螺肉含有丰富的维生素 A、蛋白质、铁和钙等营养元素,对目赤、黄疸、脚气、痔疮等疾病有食疗作用。除了肉可以食用之外,贝壳也很有用。贝雕厂用它制作的烟具或其他小工艺品很受人们的欢迎。初来海边的人们很喜欢找几个红螺贝壳作纪念品。

第二节　甲壳类

一、对虾类

(一)种类资源

对虾并非因雌雄虾成双结对生活而得名,而是因它体形较大,过去市场上常以一对为单位计价,渔民也常以对为单位计算渔获量,久而久之，便把它叫成对虾了，也有人称它为大虾。实际上，在它们一生中雌雄虾共同生活的时间非常短。对虾体躯肥大，雌虾长可达 18~23 cm，重 60~80 g，最大的竟达 26 cm 长，150 g 重；雄的略小，长 15~20 cm，重 30~40 g。它全身披着薄而透明的甲壳，前有鞭状长须，后有扇形尾巴，10 对附肢像是小船上两舷的两列荡桨，使它游泳迅速，既可前进，又能急速向后弹跳。

中国对虾常被称为对虾或中国明对虾，是我国的特产，主要分布于黄渤海。中国对虾体形侧扁。通常雌虾个体大于雄虾，甲壳光滑透明。雌体青蓝色，雄体呈棕黄色。中国对虾全身由 20 节组成，除尾节外，各节均有附肢一对；头胸甲前缘中央突出形成额角，额角上、下缘均有锯齿。

捕虾是经济价值最高的一种渔业。捕虾的国家有七八十个，主要产虾国家是美国、泰国、日本和墨西哥等，尤其美国，是世界上虾产量最高的国家，也是最大的虾消费国。对虾类是热带性虾，主要分布于热带、亚热带海域。主要渔场分布于南美、中美、欧洲南部、中国、朝鲜和日本南部外海等地。而分布于高纬度区如冰岛、北美太平洋沿岸、千岛群岛等地的寒带性虾类——真虾，其产量占的比例小。

（二）生物学特征

对虾属于底栖动物，平时喜在泥沙底质的海底活动，以捕捉小型甲壳类的幼虫或硅藻为食，沙蚕、蛇尾也是它最爱吃的食物。

我国海域中，对虾每年都在黄海南部度过严寒的冬季，当春风送暖，给对虾送来春天的信息时，从 3 月开始它们就集群一批批北上，进行生殖洄游。对虾喜在河口附近产卵，渤海沿岸是适于它繁殖发育的好地方。所以，北上的大部虾群，绕过山东高角，经过上千公里的漫长旅程，都游到渤海湾和辽东湾各沿岸浅海处，5 月上旬产卵。对虾的繁殖力很强，一只雌虾平均能产六七十万粒卵。卵很小，400 粒排在一起才有 1 cm 长。对虾的生命非常短促，产卵后大部分死亡。秋末冬初，即 10、11 月间，幼虾就长得和母体差不多，于是配对交尾。雌虾的生殖腺虽未成熟，但它把雄性的精液贮存在胸部的纳精囊中，直到第二年春季产卵时，再一边产卵一边放出精液，使卵子受精而发育成小对虾。

二、北方长额虾

（一）种类资源

北方长额虾系深水虾类，广泛分布于北大西洋和北太平洋。北大西洋分布在挪威、瑞典和格陵兰海域，其中包括巴伦支海、挪威海和北海，以及北美洲的哈得孙湾、圣劳伦斯湾和缅因湾等海域。北大平洋分布在白令海及其毗邻海域，其中包括阿拉斯加湾沿岸、阿留申群岛海域和白令海峡。温度范围为 -1.68~11.13 ℃；盐度范围为 34.1~ 35.7，系狭盐种；水深范围为 20~ 680 m。

（二）生物学特性

1. 繁殖习性

北方长额虾系雌雄同体。当其表现为雌（或雄）性时，其雄（或雌）性的潜在性即受到抑制，必须等到一定时间，雌（或雄）性器官外形发生变化，性别才随之转化。在一般情况下，排卵季节，全长在 115 mm 以上的为雌性个体；全长不到 110 mm 个体，其机能像雄性，为雄性个体；全长 70 mm 个体为未成熟个体。

只有少量性成熟的雌性个体，曾有记录，其全长在 90 mm 左右。北大西洋海域北方长额虾种群划分为北海种群、挪威种群和格陵兰种群。三个种群第一次排卵均开始在雄性个体 1.5 龄时。雄性个体 23~28 个月时，即转化为雌性个体。经排卵和抱卵阶段，以及待卵子孵化后 4~5 个月，雌虾即死亡。北方长额虾各种群的怀卵量，以 12 月到翌年 3 月为准，在此期间，北海种群平均为 690 粒，挪威种群为 760 粒，格陵兰种群为 1 300 粒。北方长额虾抱卵于腹肢上，今以英国诺森伯兰海域样品为例。该样品属北海种群，卵抱于前 4 对腹肢。各对腹肢抱卵数占抱卵总数的比例如下：第 1 对腹肢为 20%，第 2 对和第 3 对各为 35%，第 4 对为 10%。

2. 年龄与生长

北方长额虾按其各个生活阶段的时间总计起来，其生命约为 3 龄。属于北海种群的诺森伯兰海域个体，在 1.5 龄时全长为 76~96 mm，29

个月(约 2.5 龄)时全长可达 108 mm,但各龄的全长和体重均不详。

3. 摄食习性

北方长额虾系深海底栖种类,当以底层生物为摄食对象。但北太平洋和北大西洋的深海底栖生物和中、底层浮游生物的种类组成尚不清楚,故北方长额虾的摄食习性不详。

三、龙虾

(一)种类资源

龙虾,也称作大虾、龙头虾、虾王等,主要分布于温暖海域,是一种名贵海产品。龙虾体长一般为 20~40 cm,是虾类中最大的一类,一只虾一般都有 0.5 kg,最重的能达到 5 kg 以上;体呈粗圆筒状,头胸部较粗大,外壳坚硬,色彩斑斓;腹部短而粗,后部向腹面卷曲,尾扇宽短呈鳍状用于游动,尾部和腹部的弯曲活动可使身体前进;胸部具五对足,其中一对或多对常变形为不对称的螯;眼位于可活动的眼柄上,有两对长触须角。龙虾生性好斗,在饲料不足或争夺栖息洞穴时,往往会出现恃强凌弱的现象。

龙虾是现代虾类中最大的一种。虽叫它虾,但它那背腹扁平的身体,短小的肚子又不太像虾。它缺乏游泳能力,喜欢穴居,倒有点像蟹,但两条长长的触须显然又表明它是虾。龙虾的种类很多,世界各大洋都有。我国有 8 种以上,数量最多的要算中国龙虾,分布广的要算锦绣龙虾。

(二)生物学特征

它们常栖于温暖海域,所以东海、南海都有,台湾和西沙群岛沿海资源都很丰富。龙虾不仅样子威武凶暴,实际上也确实好斗,常攻击其他鱼类。白天多隐于十几米至几十米深的海底礁石缝隙或乱石堆中,夜间出来觅食,以其他小型动物为食。据观察,当秋季大规模迁移时,许多龙虾常首尾相接,摆成整齐的队列,浩浩荡荡向前挺进,有时 65 只龙虾排成一队,以每分钟 21 m 的速度移动。龙虾在一年四季均可捕到,渔民用刺网缠络,罾网诱捕,也有的用手钓和笼捕,生产不断提高。

龙虾是一种名贵的海产品,可食部分占体重的60%,含蛋白质很多,每 100 g 可食部分含蛋白质 19.37 g,脂肪 1.6 g,碳水化合物 0.7 g,钙

41.95 mg，磷 266.7 mg，水 70 g。西方国家的宴席上若有龙虾，就提高了它的级别规格。它不仅可食，而且能入药，肉和壳加其他药物可治神经衰弱、手足抽搐、皮肤溃疡等疾病，壳可制工艺品。人工养殖龙虾已经实现。美国还试验将美洲与欧洲龙虾杂交，培养体形更大、生长更快、更强壮的新品种。

四、堪察加拟石蟹

（一）种类资源

堪察加拟石蟹分布于北太平洋。在亚洲，以堪察加半岛西岸海域为中心，从白令海和鄂霍次克海起至日本海，以及北海道东部的太平洋一侧均有分布。在北美洲，以阿拉斯加半岛南北两岸海域为中心，从楚科奇海起经阿拉斯加沿岸到加拿大不列颠哥伦比亚沿岸海域均有分布。春季 3~4 月靠岸洄游，趋于浅水；秋季 9 月起开始越冬移动，趋于深水。

（二）生物学特性

1. 繁殖习性

阿拉斯加湾、白令海、鄂霍次克海以及北海道太平洋一侧的堪察加拟石蟹，其雄、雌个体在背甲长 78~112 mm 时性成熟。雄蟹冬末春初（2~4 月）在深水蜕皮，长上新壳后游向浅水；雌蟹也跟随游往浅水，于 3 月下旬到 5 月下旬进行蜕皮和交尾。交尾时，雄蟹用一双螯足的长节面对面地钳住雌蟹，经 3~7 d，于雌蟹蜕皮时，放开雌蟹以去掉蜕皮，然后把雌蟹置于体下，重新钳住软皮的雌蟹。雄蟹第 5 对步足基节上的生殖孔流出精带，延伸到雌蟹曲折开放的腹甲内。雄蟹极力使精带扩大分布到雌蟹腹甲内的腹肢四周，从而完成射精。与此同时，雌蟹开始排卵，卵子从雌蟹第 3 对步足腹面生殖孔流出，经输卵管到雌蟹腹甲内腹肢附近，接着卵子受精并附着于多毛的腹肢之上。交尾到此完毕，雄蟹才放开雌蟹。再经 11 个月的抱卵过程，卵子孵化。堪察加拟石蟹不一定都到浅水生殖，在较深海洋环境下，亦可进行蜕皮和交尾。

2. 年龄与生长

在自然条件下的观察，最大型的堪察加拟石蟹，其背甲宽与背甲长的比例约为 1：0.8。据此，背甲宽与背甲长可以换算。在自然环境下观察阿拉斯加湾堪察加拟石蟹的蜕皮频数概率并进行计算机模拟，得出各龄的背甲长，但各龄体重不详。

3. 摄食习性

6~8 月，堪察加拟石蟹的饵料种类为小型贝类、甲壳类和棘皮动物等。

五、微点黄道蟹

（一）种类资源

微点黄道蟹栖息于英国北部诺森伯兰海区。背甲宽小于 65 mm 的个体，栖息于岩礁区；背甲宽在 65 mm 以上个体，栖息于底质为沙和泥的海区。

（二）生物学特性

1. 繁殖习性

微点黄道蟹的雄蟹背甲宽 69 mm，雌蟹背甲宽 60 mm 时即达到性成熟。雄雌比例为 1.37：1，雄蟹占优势。雌蟹夏秋交尾和排卵。7~9 月，幼体出现于表层。

2. 年龄与生长

微点黄道蟹取样的背甲宽范围：雄蟹为 4.2~127.0 mm，雌蟹为 4.2~97.0 mm。但其寿命和各龄的背甲宽及体重均不详。

3. 摄食习性

微点黄道蟹的摄食习性接近杂食性，主要饵料种类为多毛类、贻贝类、海星类和海胆类，其次还有大叶藻、底栖端足类、涟虫类和腹足纲贝类等。

六、拟寄居黄道蟹

（一）种类资源

拟寄居黄道蟹栖息于英吉利海峡的岩石、碎石、沙、或沙石交混海区。分布水深从潮间带到 100 m。冬季从英吉利海峡入海，春季返回沿岸浅水。

（二）生物学特性

1. 繁殖习性

拟寄居黄道蟹 1~4 月在沿岸浅水移动，5~6 月交尾和排卵，性腺主要发育于 8~12 月。

2. 年龄与生长

拟寄居黄道蟹终年大部时间都蜕皮，更多的是在夏季。据记录，大型雄蟹背甲宽 267 mm，体重 4 200 g；大型雌蟹背甲宽 242 mm，体重 2 000 g。但各龄背甲宽和体重不详。

3. 摄食习性

拟寄居黄道蟹与微点黄道蟹栖息海区相邻，栖息环境相似，摄食习性可能接近杂食性。

第三节 藻 类

一、种类资源

海藻的种类很多，人们往往根据它们所含的色素、形态结构和生活史等的不同而将其分为 11 大类，科学的名称叫作门，即绿藻门、褐藻门、红藻门、甲藻门、眼虫藻门、硅藻门、金藻门、黄藻门、蓝藻门、隐藻门和轮藻门。其中大部分门类是浮游藻类，种类甚多，几乎占所有藻类的99%以上。它们是海洋里有机物的主要生产者，代表海洋里的初级生产力，形成食物链的第一个环节。然而，由于它们个体甚小，不能直接被人所利用，所以一般所说的海藻资源主要是指褐藻 / 红藻、绿藻、蓝藻等定生藻而言的，其中有生产价值的又首推褐藻和红藻。

绿藻含有叶绿素，所以叶片翠绿，犹如菠菜。常见的有石莼、浒苔和礁膜等。然而 5 000 多种绿藻中生活于海洋的只占 13%。含有红藻素的红藻有 4 000 多种，绝大多数分布于海洋，著名的紫菜、石花菜等都是。褐藻因含褐藻素且呈褐色而得名，1 500 种中只有少数分布于淡水。人们熟知的海带，裙带菜，以及形如鹿角的鹿角藻、细长如绳的绳藻，甚至长达百米的巨藻等都属于这一类。它们的个体一般较大，资源种最丰富。红、褐、绿藻一般也称为经济藻类。

二、生物学特征

海藻也和陆生植物一样，能在光照条件下进行光合作用，把无机物转化为有机物。所以它分布的范围多是在沿岸浅海或光线能透过的海水上层。随着海水深度的增加，不仅光线强度逐渐减弱，而且光谱组成亦有明显的变化，按照红、橙、黄、绿、青、蓝、紫光的顺序先后被海水所吸收。由于各种海藻需要的光强和波长不同，所以它的分布深度也不一样。绿藻主要吸收利用红光，多分布于 5~6 m 深的上层。褐藻吸收利用橙光和黄光，所以生活在水深 30~60 m 以内。再往下是红藻和蓝藻，它们有藻红朊和藻蓝朊，能吸收绿光和黄光，适于真光层下部的光照条件，所以在百米深处也能生长。

海藻属于比较原始的植物，它和高等植物的不同点，在于它没有真正的根、茎、叶的分化，更不会开花结果。它是通过和高等植物的根类似的“固着器”，附着于礁石上或其他基质上。但这种固着器无论在结构上或功能上，都不同于高等植物。它的叶状体是由像植物茎一样的“柄”和叶状的“叶片”所组成，而它的形状变异性又是很大的。

世界的海藻资源丰富，潜力很大，褐藻的产量还可以增长 20 倍，红藻可以再增长 3 倍。至今在约 4 500 种定生藻类中只有 50 种左右已被广泛利用。

第四节　海兽类

一、鲸

在海兽中以鲸类的种类、数量最多，经济价值最大，与人的关系最密切，因此它构成海兽的主体。鲸的体形像鱼。滔滔大海，从南极到北极，从热带到温带，从近海到远洋，到处都有鲸的踪影，它们信步万里海浪，遨游千米水底，出没自如。透过万里烟波，常见鲸出水换气时喷出一股股白色雾柱，有的高达十余米，宛如大海中的缕缕清泉，又似节日的焰火，十分壮观。

（一）种类资源

鲸目包括鲸和海豚，是所有哺乳动物中最适应水栖生活的一个分支，它们外形和鱼相似，已经完全不能在陆地上生活。

鲸分为两大类，一类口中没有牙齿只有须，叫须鲸。它的种类虽少，仅10种左右，但体躯巨大，是最重要的捕鲸对象。其中既有体大无比，堪称“兽中之王”的蓝鲸，又有行动缓慢、头大体胖的露脊鲸，还有喜游近岸、疤痕遍身的灰鲸，体短臂长动作滑稽的座头鲸，以及相比之下犹如强弩之末的小须鲸和小露脊鲸。另一类口中无须，而一直保留着牙齿，叫齿鲸。它的种类很多，约80种，除抹香鲸体长可达近20 m外，其余一般身体都较小。习惯上常把须鲸和抹香鲸等大型齿鲸称作鲸，而把体长数米内的小型齿鲸称作海豚。海豚中既有凶猛无比的虎鲸，又有生动活泼的真海豚，还有像杂技演员一样灵巧的宽吻海豚，以及众所熟知的江豚和我国特产的白鳍豚等。

鲸的大小彼此相差非常悬殊，小者如有的海豚长1 m多，重几十千克；大的有几十米长，上百吨重。如蓝鲸，已知最大个体可达33 m长，190 t重，比陆地上的最大动物——象要大三四十倍。它的一条舌头就有3 t重。它是地球上有史以来曾出现过的所有动物中无与伦比的巨兽。它的力气也无比巨大。它一出生就有7 m长，7 t重，生长速度也非常惊人，一天要长4 cm长，

100 kg 重。

鲸的种类很多，就全世界来讲约有 90 种。在我国辽阔的海域中，鲸类资源也是很丰富的，我国海域中已知约 30 多种，不仅著名的大型鲸种如蓝鲸、长须鲸、大须鲸、小须鲸、拟大须鲸、黑露脊鲸、抹香鲸等经常出没，而且更有大群海豚到处遨游。当然由于许多大型鲸种在洄游途中遭到过度滥捕，现在数量明显减少了。我国近海捕鲸主要以小须鲸等小型鲸类为主要猎捕对象，我国自己建造的捕鲸船和捕鲸炮性能良好，使捕鲸生产不断提高。

（二）生物学特征

齿鲸类多以各种鱼类和头足类为食，而须鲸类则是以磷虾等浮游动物为食，靠嘴里的须从水里捞取这种小动物。它的食量很大，张开巨口，鱼虾鱼贯而入，然后把嘴一闭，水经须间滤出，食物被送下肚去。它一顿饭就要吃 1 t 磷虾，一天就吃 4~5 t。尽管隆冬季节它们在温暖海域生儿育女，但到了夏季却必须到南极海域或北冰洋去索饵觅食。因为热带海域很少有须鲸吃的巨大的浮游生物集团，所以鲸经常饿肚子，加上分娩和育儿的消耗，身体就消瘦不堪。而南极海域，隆冬季节，那里会是千里冰封、万里雪飘的萧条景象，一到盛夏，冰雪融化，光照渐长，有时一天 24 h 太阳一直不落，促使浮游藻类蓬勃生长，磷虾也极为丰富，须鲸在这里就可以饱食终日，膘肥肉胖。鲸在南极海域每年要度过 120~150 d 的黄金季节，有人估计，在鲸的数量多时，每年它要吃掉 10 亿 t 磷虾。所以南极海域是鲸等海兽最多的地方，也是世界上最主要的捕鲸渔场，捕鲸产量几乎占世界总捕鲸量的 80%~90%。

一角鲸生活在北极人迹罕至的冰冷海洋中，是世界上最为神秘的物种之一，亦被称为海洋中的独角兽。一角鲸一般体长 4~5 m，1 t 多重，背黑腹白。雄性一角鲸的左牙会长成一颗长达 3 m 的螺旋状长牙。它们繁殖率较低，一般 3 年产 1 头小鲸。一角鲸是一种齿鲸，觅食的时候鲸群会有组织地把鱼群驱赶在一起，然后捕食。

蓝鲸也被称为“剃刀鲸”，因其身体看起来像一把剃刀而得名。蓝鲸舌头上能站 50 个人，心脏和小汽车一样大，动脉可以让婴儿爬过，刚生下的幼崽比一头成年大象还要重。最大的蓝鲸有 33 m 长，重 190 t。蓝鲸属于世界性分布，以南极海域较多；现分为 3 个亚种：南蓝鲸、北蓝鲸、小蓝鲸。

座头鲸外貌奇异、智力出众、听觉敏锐,更因为能发出多种声音而被称为海上“歌唱家”。座头鲸体型肥大,背部呈黑色,有黑色斑纹,向上弓起而不平直,因此又名“弓背鲸”或“驼背鲸”。座头鲸每年都要进行有规律的南北洄游,即夏季到冷水海域索饵,冬季到温暖海域繁殖,而且两个地方距离可达 8 000 km 之远,被称为“远航冠军”;分布于太平洋一带,偶见我国黄海、东海、南海海域。

抹香鲸是世界上最大的有齿鲸类,被誉为动物王国中的“潜水冠军”。抹香鲸长相奇特,头重尾轻,巨大的头部占体长的 1/4~1/3,具有动物界中最大的脑;头顶部左前方有两个鼻孔,但只有左侧的鼻孔能呼吸,右侧的鼻孔天生阻塞,因此水雾柱总以约 45° 角向左前方喷出。抹香鲸有很高的经济价值,其中龙涎香是珍贵香料的原料,常用于香水固定剂,也是名贵的中药。抹香鲸在全球各大海洋中均有分布。海豚身体呈流线型,长度一般为 2 m 左右,背鳍呈镰刀状。海豚的种类很多,有将近 62 种。我们最常见的海豚是宽吻海豚,也就是海洋馆中常用于表演的海豚。海豚生活在温暖的近海水域,喜欢群居,少则 10 余头,最多可达数百头。

二、海豚

(一)种类资源

海豚是海洋里最优秀的游泳能手之一,快的每小时可达 55.56 km,使一般舰船望尘莫及。当它和全速航行的船只悠然地并驾齐驱时,人们发现它不仅游得快,而且轻松自如,毫不费力。大家知道,水的阻力比空气大 800 倍,船要克服其航行所受到的阻力,竟消耗其功率的 80%,这是个很大的浪费。而海豚则不然,当它和一个与其同样大小同样动力的鱼雷同时在水里前进时,它的速度要比鱼雷快一倍。原因何在呢?当然,它有典型的流线型体形,体表光滑,可以减少水的阻力;肌肉发达,尾鳍的推进效率高等,但最主要的秘密在于它有弹性表皮,可以大大消除水的阻力。当物体在水中运动时,接触物体表面的那一层水会出现两种情况,一是和运动体表面平行,叫层流,它的阻力小;另一种像旋涡状紊乱的流,叫紊流,它的阻力大。海豚的皮肤像橡胶一样柔软而有弹性,能像弹簧一样随着海水对身体表面压力的不同,做相应的波浪式的上下运动,使海水保持层流,所以阻力小。据计算,当海豚以每小时 37 km

的速度游泳时,它本身所花的力气仅有其所受阻力的1/7。有人模仿海豚的皮肤结构做了一层橡胶膜贴在船上,发现它的速度大大加快,受到的阻力减少了50%以上。

(二)生物学特征

海豚在水里不停地游动着,有时出没于水质混浊的河口附近,更不时潜游于昏暗漆黑的千百米水下,它们的活动既不会碰到暗礁,也不会撞上船只;既能捕到鱼吃,又能找到同伴。就是把它的眼睛蒙起来,在水里插上很多竹竿,摆成一个迷宫,让它在里边游,它也同样是往来自如,从不会碰到竿子上,真是神秘莫测。海豚是用什么办法在这种异常复杂的环境之中导航与定位的呢?经研究发现,海豚头上有一套结构精致、性能绝佳的声呐系统,可以控制自己的行动。海豚正是依靠它的声呐系统去识别环境,发现食物,逃避敌人,找到同伴,避开障碍,进行导航与定位的。人造的声呐虽在不断改进,但仍赶不上海豚的声呐。因此研究海豚的声呐系统,以改进人造设备,仍然是一些科学家为之呕心沥血而研究的课题。

三、海狮、海象和海豹

(一)种类资源

鳍脚目是水栖性的食肉动物,牙齿和陆栖的食肉动物相似,但是四肢呈鳍状,身体呈纺锤形,非常适于游泳。鳍脚目现存有三个科,即海狮科、海豹科和海象科。

鳍脚类同样是重要的生物资源,海狮、海象和海豹的种类很多,海狮约13种,海象1种,海豹18种。它的分布甚为广泛,世界各海区都有,从茫茫大洋到偏远地区的岛屿上,少数种类还栖于内陆地区的淡水湖泊中。海狮类分布于北太平洋和南极海域。海象是北极特产,主要生活在北极及北极圈以内。但海豹类主要分布区域是北冰洋、太平洋、北大西洋及南极海域、地中海等地。

海狮颈部生有鬃状的长毛,叫声很像狮子吼,所以叫作海狮。海狮有南美海狮、北海狮等14种。其中,北海狮是海狮中体型最大的,素有“海狮王”的美称。海狮多喜群居活动,常常由一只雄海狮带领一群“嫔妃海狮”共同生活,雄海狮犹如国王一般。海狮可以潜入180 m深的海水中，帮助人类打捞东西是其拿手好戏；同时，它还可以进行水下军事侦察和海底救生等。

海象，顾名思义，就是“海洋中的大象”。它们和陆地上的大象一样，都是体型庞大的动物，皮厚且有很深的皱纹。它们“身高”一般为3~4 m，重为1 300 kg左右。与陆地上的大象不同的是，它们的四肢已经退化为鳍，在海里游泳的本领令人刮目相看。当海象深潜到海底寻觅食物时，巨大的獠牙不断地翻掘泥沙，敏感的嘴唇和触须随之探测、辨别，碰到它们喜欢的食物如乌蛤、油螺等，就用牙齿将它们的壳咬碎，把肉吸入嘴中。海象在北冰洋、太平洋和大西洋都有分布。

海豹是一种小型鳍足类食肉海兽，头部钝圆，形似家犬，但没有外耳郭，在头部两侧仅剩下耳道，潜水时耳道外面的肌肉可自由关闭，防止海水进入耳朵；眼睛又大又圆，炯炯有神；体长1~2 m，体重20~150 kg。海豹在陆地上移动非常笨拙，前肢支撑起身体，后肢就像累赘一样拖曳在后面，身体弯曲爬行，非常有趣。海豹的食性比较广泛，鱼类、头足类软体动物和甲壳类都是它们钟爱的食物，为维持体温和提供运动能量消耗，海豹每天要吃掉相当于自己体重1/10的食物。海豹遍布全球各海域，南极沿岸数量最多。

（二）生物学特征

鳍脚类动物体呈纺锤形，多数种类体表密被短毛。四肢都呈鳍状，故名鳍脚类，适于在水中游泳。但海狮和海象的后肢还能弯到前方，可以在陆地上步行。而海豹的后肢却永远朝后伸，所以到了陆地上，就只能像虫子那样蠕动。平时它们一直在海里巡游觅食。它们游泳迅速，潜水本领也很强，可潜到200~300 m深，有的种类如威德尔海豹，最深可潜到600 m，持续40多分钟。它们的视觉和听觉都很敏锐，也有回声定位的能力。

除南极食蟹海豹是以磷虾为食、豹形海豹可袭击其他海豹外，其他多数种类都是以鱼和乌贼等头足类为食。它们的食量也是很大的，如海狮中最大的种类北海狮，在饲养条件下一天最多喂到40 kg鱼，一条1.5 kg重的大鱼它可一吞而下；在自然条件下，因活动量大、摄食量要比饲养条件下高二三倍，所以对渔业也有一定的危害。它们也常像一伙闯进盛宴的饕餮之徒，将网具咬破，将鱼捕食殆尽，海狮类中还有一种被称作海狗，是重要的毛皮兽之一。有人估计北太平洋有200万头，以每头海狗每天吃 1.5 kg 鱼计算,一天就要吃掉 300 万 kg 鱼,数量相当可观。海象平时喜栖于浮冰上,懒洋洋地在岸边或冰上睡觉,胆子又很小,一有风吹草动就飞快入海。它在水里靠强大的獠牙掘起海底的泥沙,寻找各种贝等软体动物为食。

鳍脚类动物同样有这样一种习性,即每到生殖季节,它们都返回原来的诞生地,产仔交配。它们一般都是一雄多雌,每一头雄的和若干头雌兽组成一个个多雌群或叫生殖群。雄兽首先游回繁殖场,在岸边各自占据一定的范围,不准其他雄兽侵入。约 1 周后,临产的雌兽也先后到达繁殖场,分别进入各雄兽控制的势力圈内。这种生殖方式势必使雄兽过剩,所以繁殖期间雄兽间经常进行激烈的搏斗,胜利者就夺得了多雌群的占有权,败者就被赶出多雌群。当然也有的种类是一雄一雌,如我国常见的斑海豹就是如此,每年冬季它们都到渤海湾北部的浮冰上生殖,立春前后是产仔季节,全身为白毛的幼仔与母兽一起乘浮冰南下。

四、海牛

海牛目是适应海洋生活的植食性动物,它前肢呈鳍状,后肢进化为尾鳍,不能上岸。海牛虽是塑造美人鱼的原型,但与童话中的美人鱼相比,其"面相"实在是令人不敢恭维:厚厚的上嘴唇上翘,小小的眼睛,坍塌的鼻梁,大大的鼻孔;脖子很短,没有外耳郭,口的四周长着胡须;臃肿的身体呈钢灰色,尾扁平而宽大,可以说是个十足的丑八怪。现在世界上有 3 种海牛,即南美海牛(巴西海牛)、北美海牛(加勒比海牛、西印度海牛)、西非海牛。其中,南美海牛生活在河流中,是淡水海牛。

海牛类都以水生植物为食,这在所有海兽中是个少有的例外,和陆生牛的食性相似,也许这就是叫它为海牛的主要原因。它可以长到 3 m 多长,近 500 kg 重。现在全世界各地对海牛的猎捕都已过度,使其濒于灭绝。世界上有许多河道中杂草丛生,酿成灾害,而海牛却以水草为食。所以国际上正研究饲养海牛以清除河道中的杂草。既发挥生物除草的优点,又使它免于灭绝。

五、海獭

海獭是食肉目中唯一的海栖动物,是鼬鼠家族里的明星成员。海獭是海兽中最小的一种，头脚较小，长仅 1.5 m，却有一条超过体长 1/4 的尾巴，体重为 40 多 kg，属于海洋哺乳动物中最小的种类。虽然海獭身上的脂肪层厚度远不如鲸类，仅占体重的 1.8%，但海獭有着厚实无比的皮毛，即使在深水里也滴水不透。海獭几乎一生都在海上度过，常躺在海面上漂泊，是唯一经常仰泳的海洋哺乳动物。海獭在北太平洋的寒冷海域均有分布。

海獭对海洋的适应性最差，从不远离海边。主要以其毛皮珍贵而久负盛名。它的取食方式非常巧妙，以海胆、鲍鱼、贻贝、牡蛎、蛤等动物为食。由于这些食物的壳都很硬，牙是咬不动的。所以海獭潜水觅食时，找到食物后就挟于其前肢下带回，一次可以带回 25 只海胆，同时也拣回一块有人的拳头大小的石头。当它浮出水面后，仰游水面，将胸腹部当饭桌，把石头放在胸部作砧，用短胖的前肢挟住海胆等食物往石头上猛砸，待壳破肉出后再吞而食之。然后弃壳于海底再换一只。饱食以后的剩余食物和石头，就放在胸腹部暂存，虽浪打而不失落。它可以一连几次潜水都使用同一块石头，所以被称作巧用工具的动物。

第四章

海洋渔业资源可持续利用问题

为了实现“实施海洋开发,建设海洋强国,全面建设小康社会,维护国家安全,实现祖国和平统一和实现中华民族伟大复兴”的历史使命,中国必须调整海洋资源发展规划。

第一节　渔业资源可持续利用研究的意义

近年来,由于渔业资源的过度利用,造成渔业资源补充量大量减少,临海工业大力发展使得鱼类繁育空间不断减小,环境污染导致鱼类生存环境恶化,气候变化造成渔业资源多样性改变,致使鱼类种群的生态结构变化,结果造成渔业资源不断衰退。为了使海洋渔业资源可持续利用,就必须对海洋渔业资源的可持续利用有充分的认识,即对渔业资源的生存环境、资源数量和空间分布、种类组成特征及生物多样性等有清楚的了解;同时,应开展渔业资源养护以及海洋生物多样性修复行动。渔业资源是渔业生产的物质基础。保护、增殖渔业资源和有计划地合理利用渔业资源,是保证渔业资源长盛不衰,发展渔业生产中相辅相成的两个方面。现在,海洋渔业对渔业资源的利用,已经到了一个重大转折时期，如同陆地上由采捕天然野生动植物为食，过渡到以种植农作物，进行畜牧业的时期一样，从捕捞渔业资源转向渔业资源的合理利用和增养殖的"耕海"时代。

海洋渔业资源对人类生产、生活有着不可替代的重要意义，这是人类对自然界适应的体现。海洋渔业是人类尊重自然规律的农业生产活动之一。现代国际法不再将海洋渔业资源视为取之不尽用之不竭，这主要是由于人类科技的进步，以前那种自由放任地对待海洋渔业资源的态度已经无法适应今天的海洋科技现实。伴随着海洋科技的进步，对海洋渔业资源进行养护的需求日益强烈。

作为人类食物重要来源之一，渔业资源在粮食和营养安全及经济发展方面发挥至关重要的作用。海洋渔业资源作为人类生产、生活不可或缺的一部分，为人类发展做出了巨大贡献。然而，从 20 世纪末开始，伴随着人口的爆炸式增长和现代科技的发展，人类对海洋渔业资源的需求也越来越大。

海洋不仅蕴藏着其丰富的资源，还把全球经济联为一体，而与世界的商品经济和我国的开放政策息息相关。因此，我国管辖海域面积的大小和海上交通要道的有效控制，对于我国十分重要。属于我国的领海和管辖海域要树立寸海必争，寸海不让的思想，要特别重视出海口和海上交通要冲的有效管理和控制，要把陆地国土和管辖海域联系在一起，树立"大国土"观。

第二节　渔业资源养护与管理

一、渔业资源养护

海洋生物资源养护（Resoure conservation）是指采取有效措施，通过自然或人工途径对受损的某种或多种海洋生物资源进行恢复和重建，使恶化状态得到改善的过程，是维持海洋生物多样性及其服务可持续利用的重要举措，是"蓝色粮仓"建设的重要组成部分。

（一）经济鱼类的环境保护

种群的生存和增殖，必须有非生物环境和生物环境的存在。各个种类在其同环境的相互关系中，存在着各自的特殊性。随着生产的发展，水域环境发生越来越大的变化，对经济生物产生着好的或坏的影响。在多方面利用水域资源的情况下，为了保障渔业的发展，必须采取保障经济种类生活环境的系统措施，或是在其生命周期某个环节所特有的自然联系受到破坏的情况下，相应的改良环境条件，来弥补受到破坏的联系。当自然增殖条件丧失时，则代之以人工繁殖。

水利工程的建设，使溯河性鱼类和半溯河性鱼类难于到达生殖地点，而且往往改变和破坏了生殖条件。溯河性鱼类和半溯河性鱼类自然增殖受到破坏时，应通过堤坝上的特设鱼道来解决，以保障鱼类能达到江河上游的产卵场。在某些情况下亦可在堤坝的下游水道建立人工繁殖场。这在水位变化季节将起到很好的增殖作用，从而保障了经济鱼类的扩大增殖。堤坝的建设必然导致径流量的减少，进而影响经济种类饵料数量的显著变化。例如，渤海毛虾的丰产或歉收与每年入海径流量的关系是密切的，尤其是降雨量少的春季，这种矛盾就更突出。春季在不与农业争水的情况下，多使径流入海看来是必要的。

当然，假如保障水域一定水质的话，合理强化渔业是可以做到的。国内外试验表明，避免产生工业污水，可通过各种方法来解决，多数情况下是可到达的。例如，通过对工业供水改造成封闭式供水，实行耗水最少的干式生产工艺及工业污水的高质量净化。至于进入水域中的有机农药，尤其是长效的有机农药，则应禁止使用，或限制到最少量。

当采取科学方法管理渔业时，水域的综合利用的高度发展是可能的，提高水域生产力是完全可以达到的。

（二）群体增殖的保障

由于经济的发展，在许多情况下有经济价值的鱼类自然增殖条件被破坏。河川状况的改变及过分的截流，部分近海水域的污染，人类其他许多活动形式，往往导致经济鱼类群体自然增殖条件的改变。由于这些原因，在许多情况下就得转移产卵场，有时则需完全用人工繁殖来取代经济鱼类的自然增殖。一生生殖一次的鱼类，亦即属于生殖群体第一类型的鱼类，在养殖工厂通过人工繁殖，在国外已成功地增殖。重复生殖的鱼群,亦即属于第二或第三类型的鱼种,群体人工增殖较为复杂。当自然增殖条件受到破坏,就必须设法保障这些鱼种的产卵亲鱼。重复生殖鱼产出的卵子所孵化的幼鱼较能适应发育条件较大的变化,因它具有较多的卵黄积累,比得自初次生殖的亲鱼的幼鱼能适应较低的饵料保障。假如人工繁殖时不可能保存亲鱼的重复生殖,则必须保障其自然增殖,尽管其群体数量不多,从而通过改良自然条件的系统措施,保证从自然增殖中获得幼鱼的比例有较高的增长。因此保存部分重复生殖群体不是可有可无的事情,是鱼类增殖所要求。因此,在许多情况下,人工增殖应当同自然产卵场和人工产卵场的自然增殖配合起来。在水利建设中,尽管通过建立人工产卵场来保存自然增殖,然而在群体中保存必要的重复生殖鱼的数量是完全可以做到的,这不仅是为获得高质量的后代所要求的,也是为获得高质量的商品鱼必要的。而且大多数鱼种重复生殖个体在食用方面比新的个体更有价值。

以生殖河道形式作为人工繁殖场,再从自然增殖当中获得卵子和幼鱼在养殖工厂中饲养,这样可从重复生殖的鱼中获得高质量的幼鱼和保存以后年份中增殖后代的亲鱼。培养补充群体使能在自然水域生活为目的的人工增殖技术,应该建立在鱼类繁殖个体发育各个阶段同其环境相互联系特点的知识上,应该掌握对生活环境的适应幅度。人工增殖技术不能超越繁殖鱼种所能适应的范围。鱼类自然增殖条件不利,渔获率的增长可能性就很低,而且各年份之间的变动剧烈。另外,人类要能控制鱼类个体发育的各个阶段直至成为商业产品。同时,人工增殖时鱼类生态、生理特性的改变要相应于环境的改变。例如,高个体和无鳞鲤鱼的培养就不能将它们放养在急流的水域中去,从而保护无鳞鲤鱼的皮肤免受损害。

在组织补充群体结构过程中,选择相应的亲鱼群体具有重要的意义。已经知道,性别和所得到的后代的其他性状,不仅取决于卵子孵化的生物学技术和幼鱼饲养技术,而且也决定于亲鱼群体的生活条件和质量。后代的性比和卵黄积累及其他许多生物体发育指标,很明显的取决于亲鱼的索饵条件和年龄。因此,在人工增殖鱼类过程中,选择使能够保障必要的补充群体结构的亲鱼具有头等重要意义。

(三)为海洋渔业资源养护国际规则变动注入中国元素

海洋渔业资源养护国际规则的变动看似内容繁多、有些杂乱,实则规律性明显，这种规律性主要来源于生物资源养护的自然规律、渔业生产的经济规律，还有国际规则变动中的国际政治规律。作为负责任的渔业大国，我国在遵守自然规律、经济规律的同时，也要关注规则变动中的国际政治规律。

根据国际规律，大国在国际规则变动中的作用是独特的，不仅是规则变动的参与者、引领者，更会选择时机、创造条件来为规则变动注入本国元素。作为在全球政治、经济格局中有着举足轻重地位的大国，作为在海洋渔业领域有着重要影响力的国家，中国有必要在渔业资源养护国际规则的变动中注入中国元素，主要有以下几个方面。

（1）注入中国元素的目的是维护中国渔业的产业利益。不同类型的国家、处于不同发展阶段的国家，海洋渔业对国民经济的贡献比例差异巨大。不同社区，不同文明，社会公众对渔业活动的价值认知、判断也不相同，这些带来了规则变动的复杂性。海洋渔业资源养护的国际规则变动必然引起渔业产业的深度调整，这种调整将影响渔业利益的国别分配。

国际法规则的变动带来渔业产业格局变化，也会带来新的规则变动需求。由于《联合国海洋法公约》生效，我国与日本、韩国等邻国签署双边渔业协定，对渔民作业区域重新划分和界定，导致部分传统渔场丧失。这不能仅归咎于我国渔业产能过剩，更重要的是专属经济区制度缺少的历史性权利考量，将专属经济区的渔业捕捞的决定权完全赋予沿海国，我国海岸的地理特征决定了我国会失去这一区域的渔业权利。

面对着规则变动的浪潮，中国一方面应以开放包容、与时俱进、量力而行的态度深入认识不同国家、非政府组织的新规则建议、新治理倡议，厘清其内涵、外延以及产业影响，避免治理中的保守理念。中国海洋渔业产业有必要在海洋渔业资源养护国际规则的变动中实现“以开放促改革”的目标，扎实推进“供给侧结构性改革”，推进“化解产能过剩”等政策。另一方面，中国应在认真调研渔业资源养护活动的基础上，以符合中国渔业产业利益，基于中国渔业产业目标，顺应国际渔业规则变动趋势为标准，为规则变动增加中国元素。

（2）注入中国元素的形式是拿出适应规则变动的中国方案。这里的中国元素不是飞天、祥云、中国结、斗拱卯榫、旗袍等文化艺术领域的中国特征，而是国际法层面上，符合中国利益要求，由我国单独或与其他国家联合提出，被国际组织采纳或被国际条约所接纳的国际法原则、规制和制度。将这些来自中国的国际法规则通俗地称为中国元素。国际法领域,和平共处五项原则、联合公报等都是中国元素的体现。

在海洋渔业资源养护的国际规则变动中注入中国元素,意味着要拿出规则变动的中国方案,这需要如下三个方面的要求。

第一,对海洋渔业资源养护的国际规则变动进行跟踪研究和评估,把握海洋渔业资源养护新规则的前沿和发展趋势。我国应采取适当的预警机制,针对国外非政府组织批评强烈的捕捞活动进行适当干预,制定海洋渔业捕捞活动的应急预案,在逐步提高捕捞技术环境友好程度的同时,建立捕捞作业工具、捕捞方法的等级制度并逐步淘汰低等级的捕捞工具和捕捞作业方法。

第二,根据渔业产业利益设置谈判红线,积极寻求弹性承诺,有效保护我国海洋渔业的核心利益。面对激烈的渔业规则变动风潮背景下的国际谈判,我国应组织适当的风险评估,坚持发展中国家身份,适当设置例外条款,争取较长过渡期,回避目前尚无法落实的规则。在坚持尊重海洋渔业资源养护总目标的前提下,遵守区域渔业养护组织的规定,为我国渔民转产、渔业产业升级争取更多的时间。

第三,重视渔业资源养护,探索提出新规则。当前海洋科技迅速发展,捕鱼科技与海洋环境监测手段都得到了长足发展,这为我国探索新的渔业资源养护手段创造了条件。建设创新型国家的过程中,应鼓励渔业企业、研究机构、渔民以及其他环境保护团体都投入海洋渔业资源养护的事业中,拿出新的养护设备,推出新的养护工作手册,为制定渔业资源养护国内法创造条件。这些国内法规则将会改变我国的海洋渔业,为我国参与海洋渔业资源养护规则的制定提供支撑。

(3)注入中国元素应以建设21世纪海上丝绸之路为先导。与21世纪海上丝绸之路沿线国家的国际渔业合作,也是我国远洋渔业发展的重要内容。良好的产业合作是建立在对渔业资源养护规则存在越来越多共同认识的基础之上。当前海洋渔业资源养护国际规则的变动会对我国与21世纪海上丝绸之路沿线国家的国际渔业合作带来影响。我国与这些国家的国际渔业合作也会影响国际规则变动的走势。这个互动的过程,正是新渔业规则形成,发展并经受实践检验的过程。

在海洋渔业资源养护规则的变动中注入中国元素还有利于文明互鉴。当前的海洋渔业资源养护体系以西方渔业文明为背景,渔业资源养护的概念与主要方法均来源于《北海渔业公约》,渔业资源养护的哲学基础仍是“最大限度地利用”。当前资源养护体现缺乏文明多元化的考量,没有东方文化中的“人与自然和谐”“敬畏自然”等思想。在全球化日益深入的背景下,在国际规则的变动中增加中国元素,将有利于维护中国的国家利益,增加国际规则中文明多样化,促进人类整体利益的提升。

二、渔业资源管理

(一)建立法律法规

有关渔业资源养护与管理的基本法律法规有以下内容。

1. 伏季休渔制度

“伏季休渔”是依据(渔业法)建立的一项重要的渔业资源养护制度,即规定在特定的时间和海域渔场,严禁特定的作业渔船出海从事捕捞生产。目的是让特定的水生动物得到休养生息,使渔业资源得到有效的恢复和增加。

2. 禁渔区制度

为了保护沿海水产资源,1957 年 7 月开始,国家在渤海、黄海和东海划定机轮拖网渔业禁渔区;并设定机动渔船底拖网禁渔区线,在禁渔线至沿岸海域,严禁拖网生产。

3. 禁止和限制使用渔具渔法制度

按照《中华人民共和国渔业法》(以下简称《渔业法》)实施细则规定,东海、黄海拖网的网囊最小网目内径不得小于 54 mm;南海拖网的网囊内径最小网目内径不得小于 40 mm;以捕捞带鱼为主的张网的网囊最小网目不得小于 50 mm;灯光围网取鱼部网目内径不得小于 22 mm;马鲛捕鱼刺网最小网目不得小于 90 mm;银鲳刺网最小网目不得小于 137 mm。同时,《渔业法》第三十条规定:“省级地方政府可根据实际情况制定本辖区禁止和限制使用的捕捞渔具和渔法。”目前,禁止使用的渔具渔法主要有毒鱼、炸鱼、电鱼、敲舟鼓等 10 种;限制使用的渔具渔法有张网、灯光围网、笼壶等;禁止使用的最小网目尺寸有底拖网网囊的网目内径不得小于 54 mm,灯光围网取鱼部网目内径不得小于

22 mm。捕捞带鱼为主的张网网囊网具内径不得小于 50 mm，等等。

4. 实行捕捞许可制度

捕捞许可证制度的实施，使海洋捕捞渔船发展受到一定控制，渔船制造从无序逐步走向有序。但许可证的发放基本是按已有的渔船数量进行，还不能顾及当前的渔业资源状况。渔业管理部门虽然每年都限制发证的数量，但渔船的数量仍持续增加，同时由于管理措施跟不上，无证造船、无证捕捞的现象仍未得到遏制。因此，应在严格执行捕捞许可证制度的基础上，逐步减少现有渔船的数量，引导渔民向非捕捞业转移。

5. 设立禁渔区和禁渔期

禁渔区、禁渔期的实施对保护幼鱼、产卵亲鱼和缓解沿岸小型渔业和底拖网渔业的冲突，对保护鱼类产卵场、幼鱼育肥场和鱼类利游通道等具有重要的意义，起到了明显的作用。

6. 实行伏季休渔制度

1999 年开始南海区实施伏季休渔制度，规定在每年的 6~7 月实行两个月的休渔。休渔期间，除刺钓、笼植以外的所有捕捞作业禁止在北纬 12°以北的南海海域（含北部湾中方一侧海域）生产作业。从实施情况来看，休渔期间，南海约有 2 万多艘渔船停港休渔，约占南海总渔船数的 1/4，但由于拖网实行休渔，实际休海渔船的功率数则超过南海渔船总功率数的一半以上。休渔制度的实施可以达到以下目的：通过某一段时间的禁渔，减小过大的捕捞压力；禁渔过后渔业资源会有所增加，可以提高单位捕捞力量的捕捞效率；保护产卵亲鱼，促进鱼类资源的恢复；提高鱼卵、仔鱼、稚鱼的存活率。

7. 严格控制渔船数量

渔船和作业类型主要调整方向为：①以削减浅海小型作业渔船数量为重点调整方向；②总量调整中以削减渔船数量为主，降低渔船功率总量为辅，渔船数量削减比例应远大于总功率下降比例；③底拖网捕捞方式，目前无论在国际、国内的海洋捕捞渔业中仍然是最主要的捕捞方式之一，底拖网作业主要应限制在浅海作业，拖网产量与非拖网产量应大约保持各占 50% 的格局；④重点发展外海延绳钓作业；⑤建议将“机动渔船底拖网禁渔区线”外移至 60 m 水深附近；⑥调整网具是减轻捕捞强度的重要途径，削减渔船数量应与网具调整相结合。

8. 最小幼鱼可捕标准

中国规定了 18 种鱼类的最小幼鱼可捕标准，主要有海鳗、角鱼、石斑鱼、大黄鱼、小黄鱼、带鱼等。依照水产行业标准《重要渔业资源品种可捕规格第一部分：海洋经济鱼类》，做好海洋经济鱼类可捕标准贯彻落实工作，该标准规定了 15 种重要海洋经济鱼类的最小可捕规格，为今后加强幼鱼资源保护提供了重要依据。

（二）建立以生态系统为基础的渔业管理模式

海洋渔业管理经历的模式主要有 3 种类型：单物种水平的管理方法、多物种 / 群落水平的管理方法、生态系统水平的管理方法。

海洋渔业管理应从传统的单物种水平的管理方法转变为生态系统水平的管理方法。生态系统管理是自然资源管理一种新的综合途径。该方法重视生境，考虑物种之间的相互作用，捕食 – 被捕食关系和物种 – 栖息地之间的相互作用和依赖关系，致力于改善对渔业生态系统的了解。其目的在于重建和维持群体、种类、群落和海洋生态系统的高生产力和生物多样性、避免不可逆的风险，以便在不危及海洋生态系统物种多样性和服务的同时，维持并持续为人类提供食品、收益和便利。由于台湾海峡存在闽浙沿岸流粤东沿岸流、台湾暖水等多支海流汇交的影响，产生了台湾北部海域、澎湖周边海域、台湾浅滩海域等上升流区，这些海域由于海水肥沃，初级生产力高，增加了次级生产力和终极生产力，因此，形成了台湾海峡 3 个主要上升流渔场。近年来，由于自然因素如气候变化、人类活动、水域污染加剧的影响，对这些海域上升流区的生态系统变化缺乏动态、深入和全面的认识，对它的功能和受控机制基本不了解，就难以遵循可持续发展的规律开发利用生态系统及其资源，也难以建立合理、有效的海洋开发管理体制和机制。因此，我们要以生态系统为基础的渔业管理模式进行渔业资源管理，就必须加强对该渔场海洋生态环境监测，把海洋生态环境和渔业资源结合起来为该海域的海洋开发和管理提供科学依据。

第三节　基于生态系统方法的海洋渔业资源养护

大力发展特色生态型水产养殖业。把传统的生态养殖原理和现代生产方式相结合，革新养殖技术，规范养殖行为，鼓励发展生态、健康养殖技术，形成既环保、生态，又有经济效益的养殖方式。同时，按照产业化、标准化、无公害要求，推广养殖新模式，培育区位优势明显的特色水产养殖业，逐步形成较强市场竞争力的特色渔业产业区（带）。

一、海洋资源生态管理的概念

海洋利用是指人类为海洋所设定的用途（如农渔业区、港口航运区、工业与城镇用海区、旅游休闲娱乐区、海洋保护区），也包括海洋开发、利用、保护、治理的过程或行为。它具有生产力和生产关系两方面特征，即既有海洋生产力的提高，又有海洋关系的协调。后者是指人们在生产活动过程中所建立的海洋社会关系和利益分配机制。海洋管理，其一是指人类经营利用海洋的方式；其二是指对占有、使用、利用海洋的过程或行为所进行的协调活动。

在海洋管理工作实践中，海洋资源生态管理也往往被认为是一种海洋资源的生态化管理，即以生态理论为指导，以实现海洋生态化和可持续利用为目标的活动，不仅追求海洋自然状态的生态化，更重要的是追求自然、社会、经济的和谐统一。其内涵表现为两个层面：一是以生态理论为指导，对海洋利用、开发进行合理布局和规划；二是海洋管理结果是质与量的统一，在保证海洋资源总量动态平衡的基础上，实现持续的海洋生态协调化。

基于上述不同研究领域的观点，结合海洋管理的基本内涵，我们认为海洋资源生态管理的定义可以表述为：以实现海洋资源可持续利用为导向，针对海洋资源利用中的突出生态和环境问题，应用生态学的理论与思想，所实施的一系列技术、经济和政策法规措施。从技术层面来看，海洋资源生态管理往往表现为海洋生态建设，即针对外来物种入侵、海水酸化、富营养化、海洋灾害等所采取的相应治理措施。从管理层面上来看，海洋资源生态管理往往表现为通过生态补偿等经济手段、制定专门的法律法规等政策手段，来对海洋利用中的生态和环境问题进行宏观调控与管理。

二、海洋资源生态管理的原则

海洋资源的持续利用包含量与质量方面，一是数量的概念。海洋渔业可持续发展必须要有一定数量的渔业用海作保障，如果渔业用海数量大幅度下降，会影响食物安全保障。二是质量的概念，即海水质量不恶化（包括酸化、富营养化和海洋污染等各种形式的恶化）。这样可能在某些方面要放弃暂时的经济利益，但从长远利益看，收获会更丰富。

生物多样性是指从种群到景观尺度上的生物和生态系统的多样化。动物、植物和其他生物有机体的数量和种类是通常的生物多样性定义（如物种丰富度）。但是生物结构和功能的多样性概念还应扩大到基因、生境、群落和生态系统，所有这些等级的多样性都具有其相应的生态价值。如果没有生境和生态系统的多样性，物种的多样性就不可能实现；如果所有这些等级多样性都不存在，自然界的基本服务功能就不可能维持。

三、海洋生态资源管理的经济手段

由于经济手段在海洋生态环境管理中可以克服行政和法律手段的一些不足，具有一定的灵活性和有效性，能够促使管理系统以最小的经济代价来获得所需要的生态效果，因此，经济手段在生态环境管理中应得到广泛的应用，发挥其重要作用。

在生态环境管理中，经济手段通常和行政法律手段相联系，很难通过一个明确定义把经济手段和其他手段区分开来。一般地说，所谓生态环境管理的经济手段，是指利用价值规律的作用，通过鼓励性和限制性措施，控制海岛消失、减少污染，来达到保持和改善生态环境目的的手段。其特点是：存在着财政刺激；有自发活动的可能性，是生产者、污染者能以他们认为最有利的方式对某种经济刺激做出反应；有政府机构参与，经济手段必须通过行政管理予以实施；通过经济手段的实施能达到保持和改善生态环境质量的目的。海洋环境管理的经济手段按照作用的不同可分为两类：一类是鼓励性的，例如实行税收、信贷、价格的优惠；另一类是限制性的，例如征收排污费、经济赔偿等。

第四节　渔业资源可持续开发利用对策

渔业资源可持续开发利用即海洋渔业可持续发展，可以理解为，既满足当代人对海洋渔业资源的需要，又不对后代人满足其需要的能力构成危害的一种海洋渔业发展模式。海洋渔业可持续发展的提出，其缘由就在于海洋渔业资源的有限性，其条件就是要有良好的栖息环境，其目的就是实现海洋生物资源的永续利用。实现海洋渔业可持续发展要有科学的渔业管理为其保驾护航。

一、加强水产种质资源保护

由于海洋污染及商业资源过度捕捞，重要渔业经济类群的数量急剧减少，海洋生物的物种多样性面临严峻的压力。

海洋渔业生物种质资源是海洋渔业发展的基础，也是人类社会生存与发展的基础条件之一。但由于人力物力、科技水平的限制及其他种种原因，要保护和保存所有海洋渔业生物的种质资源是不实际的，因此要保护的应该是现存种质中有代表性的样品，且重点是正遭受灭绝威胁的种类和对维持决定我国渔业产量起决定性作用的主要种类。其目的是尽最大可能维持种内遗传变异水平；维持物种和种群自然繁殖能力和自然繁殖场所；维持物种进化潜力，以保证渔业可持续发展。

（一）加强海洋渔业生物种质资源和物种多样性的基础调查

由于海洋生物资源是一个动态变化的，其种类、分布、数量均处于变化之中。海洋生物资源量的变化直接影响到海洋渔业生物物种多样性的状况，因此必须在原有渔业资源调查的基础上，进行定期的、连续性的调查和监测，基本摸清海洋渔业种质资源状况，了解和掌握海洋渔业生物多样性的变化趋势和特征，为种质资源的保护、利用提供科学依据。在此基础上，制定种质资源研究长远发展规划和种质资源保护策略。

（二）巩固完善海洋渔业生物种质资源库的保护功能

对主要养殖种类和稀有种类进行种质保护加强管理，包括就地保护、易地保护。建立海域天然生态系统水生生物种质资源库；建立低温条件下精子、受精卵、胚胎保存和恢复发育的条件；建立和完善人工、天然水域、低温种质资源库；利用信息技术的研究成果，建立种质资源数据库。考虑到增殖放流对海洋生物种质资源的影响，建议以中国对虾、鲷科鱼类为对象，加强增殖放流对其多样性影响的研究和管理。另外，应进一步开展珍稀、濒危海洋生物（如海龟、中华白海豚、黄唇鱼）保护工作，新建一批珍稀、濒危和经济种的种质资源库。

（三）加强海洋与水产自然保护区建设

自然保护区建设是海洋与渔业生态体系建设和保护的核心内容和有效手段，建立自然保护区是保护海洋生物资源及其赖以生存的栖息环境的根本措施。建立自然保护区将为海洋生物种群提供一个能够独立生存繁衍的自然空间环境，使其能够得到真正保护。

1. 加强自然保护区的基础建设

加快海洋与渔业自然保护区建设步伐，在加强市县级自然保护区的基础上，进一步加强国家级和省级自然保护区的建设，海洋与渔业自然保护区的数量和覆盖率应较大幅度的增长。自然保护区要按照“统筹规划、合理布局、功能协调、分期实施”的原则，根据各自特点和不同功能区划、保护目标来设计和建设，要满足保护区的保护、科学研究、教育、执法等各项功能的需要，充分发挥自然保护区的综合功能。

2. 加强自然保护区的科研和监测

各保护区应根据保护对象的特点、资源现状和保护管理中的问题开展科学研究，加强与国内外大专院校、科研院所等单位的联系，组织联合攻关。保护区应努力创造条件，完善基本试验设备和基本研究条件，吸引高素质人才到保护区进行科学研究。

3. 加强执法管理和宣传教育

自然保护区是否能发挥其应有功能，管理工作至关重要。根据保护区管理的客观要求，制定保护区管理的内部和外部管理制度，严格执法管理，对违反有关规定者给予严厉处罚。各级主管部门和自然保护区管理机构应有计划地开展宣传教育活动，利用实际可行、效果良好的直传媒体工具和各种形式方法，将保护区的宣传范围扩大到整个社会，使全社会广泛参与海洋与渔业资源的保护工作。

二、转变渔业经济增长方式

目前在沿海经济鱼类资源严重衰退，捕捞作业渔场减小和渔业能力过剩的情况下，除了采取渔业管理措施，恢复和合理利用渔业资源外，还应通过转变现有的生产模式和渔业经济增长方式实现渔业产值的增加和捕捞渔业劳动力的部分转移。渔业资源增殖和沿海人工鱼礁建设不仅是提高水域生产力、改善渔业生态环境、增殖优质渔业资源的重要措施，同时也可使部分渔船和渔业劳动力从捕捞业中转移出来，实现渔业的良性循环；人工鱼礁建设和资源增殖还可以与发展游钓渔业和沿海生态旅游相结合，增加渔业的经济效益，开拓渔业的社会服务功能。因此，大力推动这三项事业的发展，将会使海洋渔业更具活力。应进一步总结已有的成功经验，加大投入，并完善政策措施，使渔业资源人工增殖、人工鱼礁建设和渔业生态旅游成为渔业经济的新增长点。

1. 渔业资源增殖

放流增殖是恢复渔业资源，提高渔业效益，转变渔业经济增长方式的重要途径。在自然环境条件下，水产生物的幼体和仔稚期死亡率非常高，渔业资源增殖的基本原理是将水产生物的早期生活史置于人类的管理之下，使之避过在自然环境中的最高死亡率阶段，从而高效地产生渔业资源补充群体。通过人工手段，可以有选择地增殖生长性能好或经济价值高的种类，有效提高渔业的经济效益。本来，渔业资源在自然环境中是能够进行再生产的，但捕捞过度、生境退化和自然环境变动等因素往往使渔业资源的补充群体减少，水域生产力不能充分发挥。通过渔业资源人工增殖可以高效利用水域的生产潜力。

2. 发展游钓娱乐渔业

从世界上游钓业发展最好的美国的情况来看，游钓娱乐业的年产值占其渔业总产值的 1/3，而海洋游钓娱乐业的捕捞量还不到其总海洋捕捞量的 1/10。

游钓在我国具有悠久的历史，但一直以来均是达官显贵消遣的一种方式，改革开放以来，特别是近十年经济的稳定快速增长和人民生活水平的提高，使游钓成为普通老百姓能够消费得起的娱乐项目。集休闲消遣和体育运动于一体的游钓业属于一种中档水平消费项目，能否发展起来或形成什么样的规模，系由经济发展水平和消费习惯所决定，同时也与政府的政策引导密不可分。作为一种中高档消费项目，如果以目前这种受到污染的水域环境和严重衰退的渔业资源作为发展游钓业的基础，肯定是没有足够的吸引力的，这一产业也就没有发展前途。因此，作为保护环境、保护资源责任者的地方政府，需要加大环境与资源的保护，合理布局滨海产业，为游钓业的发展提供良好的海洋环境和丰富的渔业资源。

3. 发展生态渔业

首先，我们应当重视保护好海底的自然生境，对一些特殊的生境如海藻场、海草场、珊瑚礁区等应特别保护，并在沿海投放人工鱼礁，筑起一道“海底森林长廊”，使之成为各种鱼类栖息、索饵、繁殖和育肥的良好场所。其次，在海水养殖实践中，首先要考虑海域合理规划和品种的布局，然后在养殖方式上，减少养殖密度，搞多品种搭配，兼养、套养、轮养贝类等，充分利用上中下水层，使各营养级次的生物在生长过程中互相利用，组成一个完整的“食物链”。

三、加强和改进伏季休渔制度

伏季休渔制度是我国渔业资源和渔业生态环境管理的一项重要措施,1999年南海海域实行伏季休渔以来,对减轻海洋捕捞强度、养护渔业资源和渔业生态环境起到了一定成效。其表现在：一是渔业资源有所恢复,一些多年未见的种类经休渔后再度出现,个别品种群体比未休渔大；二是休渔后渔船产量产值和经济效益普遍比休渔前好；三是伏季休渔产生了良好的社会影响和社会效益,广大渔民经历了怀疑、理解到支持休渔制度的转变过程,认识到保护渔业资源和合理利用渔业资源,就是为了海洋渔业的持续发展,就是保护自己利益的道理；四是促进了各级渔业管理部门职能转变,海洋捕捞管理体制逐步从生产计划型转变为资源管理型。

然而,目前休渔制度尚有待进一步巩固和完善。一是完善立法,实行依法行政。目前伏季休渔主要是依据中华人民共和国农业农村部的相关通知,至今尚未出台一个较为完整的休渔期监管规定,在管理过程中基本上是套用《渔业法》中禁渔区、禁渔期的有关规定,一些问题在执法过程中理解不一,概念模糊,导致执法不力。二是休渔对象和休渔时间需进一步高调整。目前,尚有一些对渔业资源影响较大的渔具渔法未纳入休渔范围,例如刺网、钓船、定置、蟹笼等渔具渔法不在休渔之列。尤其是东海南部海域灯光敷网不休渔,势必影响粤东海域渔业资源的养护。根据近几年休渔的效果,一些专家、渔业管理人员和渔民认为,休渔期提前到5月1日和休渔期延长为3个月休渔效果将更佳。三是应进一步加大资金投入,强化休渔管理。休渔管理不但是渔业主管部门一项管理工作,同时也是一项系统管理工程。应把休渔管理任务同各级基层政府机构管理责任制结合起来,把伏季休渔管理任务逐级分解到县、镇、村各级组织,加大资金投入力度,落实休渔期间渔民管理的各项资金,发挥各级政府和相关职能部门的管理能力,形成合力,促进休渔制度的落实。四是应对休渔制度进行评价。评价应包括三个方面,即目的或目标实现情况、实现的效果和效益、实现的成本。

四、切实有效地削减捕捞力量

1. 降低捕捞强度

如果控制或限制这类渔船在近海、外海和北部湾等渔场作业，可以起到事半功倍的作用。伏季休渔是近期内我国采取的重大渔业管理措施。休渔对保护渔业资源，提高捕捞业效益有着重要的作用，是一项适合我国现阶段渔业管理水平的渔业管理措施。伏季休渔虽然取得很大的成效，但休渔带来资源好转的成果在开捕后的几个月内就被巨大的捕捞强度所吞噬。因此，休渔措施还不能从根本上解决当前渔业资源衰退及所带来的问题，只是使这些问题暂时有所缓解，根本的措施还是要通过各种方法降低捕捞强度。

2. 调整捕捞作业结构

应合理调整捕捞结构和捕捞布局。捕捞结构和捕捞布局调整是一个庞大的系统工程，涉及社会稳定、渔区经济发展和渔民生计等社会问题，因此捕捞结构和捕捞布局调整的目标，应有利于新体制下受到冲击的渔民的出路安置，有利于以捕捞业为生计的渔民脱贫致富，有利于消除渔区社会安定和生产安全隐患，有利于控制捕捞作业量使之与资源可捕潜力相适应。目前南海区渔业的矛盾主要是捕捞强度与渔业资源可承载力的不相适应，而且过大的捕捞作业量主要分布在浅海和近海，对目前不合理的作业结构应进行调整，主要任务是减少在沿海作业的、选择性差的、对幼鱼损害较严重的底拖网和张网作业。

3. 实行采捕规格和网目尺寸的限制

休渔制度的实施对减少幼鱼捕捞、延长幼鱼生长期起到明显作用，但休渔期结束后，大多数经济鱼类仍处幼鱼阶段。由于网渔具的网目尺寸偏小，渔获物以经济鱼类的幼鱼为主，在很大程度上破坏了休渔所取得的成果。因此，休渔措施还必须辅以网目尺寸和可捕规格的限制。任何一种鱼类都有一最合适开捕规格，从最适开捕规格开始进行捕捞可以在获得最大产量的同时减少对资源的不良影响。渔业管理部门早有关于拖网网囊最小网目尺寸和主要经济鱼类最小可捕规格的规定，虽然所规定的可捕规格明显偏小，但实际上也没有实行，这种局面应该改变。

为了减少对经济鱼类幼鱼的捕捞，应严格禁止禁渔区内的违规作业，并对所有捕捞作业类型实施最小网目尺寸或最小可捕规格限制。

4. 试行捕捞限额制度

新《渔业法》规定我国将逐步实行捕捞限额制度。限额捕捞是发达国家普遍采用的渔业管理措施，适用于中高纬度水域单种类的商业化捕捞。限额捕捞依赖于对渔获量的实时监控。我国的渔业主要为多种类渔业、渔具渔法多种多样、小型渔船数量大，且渔获上岸分散，加上管理资源不足，对捕捞渔船和渔获量的监控存在很大困难。根据我国渔业资源特点和渔业的实际情况，控制捕捞作业量比控制渔获量更易实行，在近期内主要应通过限定捕捞作业量的方式达到渔业资源的适度利用，具体措施可包括缩减渔船数量、限定各类渔船的作业时间，在统一的时间内进行定期休渔、调整作业结构和放大网目尺寸等。

作业量限制在使渔业资源适度利用的同时还可节省捕捞成本，有利于提高经济效益。对于一些作业方式和渔获组成比较单一的渔业可以试行渔获量限额、如黄海鳀鱼拖网渔业、东海带鱼渔业及台湾浅滩蓝圆鲹灯光围网渔业等。通过对这些渔业试行渔获量限额，总结和积累经验，并逐步扩大限额捕捞管理的对象。

五、加强渔业主法和严格执法

针对中国捕捞渔船过多的现实状况，一方面必须把现有渔船减下来，另一方面严格控制新造渔船的数量。但是，目前中国控制新造渔船尚无法规可循，无法实际操作，应及早出台渔船法。许可新造渔船数量的前提是中国专属经济区的渔业资源状况，其次是考虑渔区社会稳定的因素。

目前，中国渔货上市较混乱，渔船可以到处卸货，渔市场管理也无序可依。应及早建立渔市场管理法规，渔船应到指定的市场卸货，市场应按规定的程序收、售货，并应规定把收、售货的总数量和主要品种数量上报有关部门。

加强渔政队伍建设，加大海上执法力度，打击非法渔业。目前南海区已拥有上百艘的渔政执法船，执法人员超过千人，但大多数渔政船只的巡航能力较差，执法人员的素质不高。因此，随着新《渔业法》的出台，建立新的海洋渔业法律制度，需要加强渔政队伍的建设，改善执法手段，提高执法人员的法律素质树立“依法治渔”的良好形象。

加强渔政执法职能建设，严格执法，公平执法，严防地方保护主义，加强遵纪守法的宣传和教育，提高渔民守法的自觉性，实行专管和群管相结合，建设渔业执法督察制度，严肃处理有法不依和执法不公的案件。

六、渔业管理从投入控制转向产出控制

1. 投入控制管理层面

强化渔业捕捞许可制度，健全和完善捕捞渔业准入制度。其前提是必须明确公有渔业资源使用权的归属及使用的主体，规定获得捕捞权人的权利和义务。对准入捕捞渔业的公民、法人及其他组织要纳入法制管理，并强化捕捞许可证的法律地位和作用。根据渔业资源状况和渔业特点，划定若干个鱼类和作业的捕捞区，规定每个捕捞区的准入条件，包括渔船数、功率数、捕捞工具数、网目尺寸以及限额捕捞数等。同时，要规定捕捞渔船和渔民的准入条件，增补重要经济渔业资源种类的产卵场保护规定。

2. 产出控制管理层面

培育发展渔民协会等渔业中介组织，实现渔业行政部门“专管”和治业中介组织“群管”相结合，探索在市场经济条件下现代渔业管理的新模式。加强对填报渔捞日志的培训和指导，由船长或指定船员按要求负责填写和通报。在现代信息技术的支撑下，建立起渔捞日志(自动)填报制度。增补并细化渔获物最小可捕标准规定。在条件相对成熟的海区，试行单鱼种 TAC 管理制度。

3. 由政府拨出专款深入实施转产转业政策

第一要总结过去执行转产转业政策的经验和教训。第二是及时修

订和完善转产转业政策及其实施细则。第三要设立督察机构,监督资金的应用和检查实施的效果,杜绝挪用这一专项资金,以保证转产转业政策得以有效实施。

第五章

海洋环境问题及生态破坏现状

海洋自然环境是在海－气－陆长期相互作用下形成的相对平衡状态，人们在开发利用海洋的活动中，必然干预海洋自然环境，其中那些盲目不当的活动往往会造成严重的海洋环境问题。

海洋生态系统对海洋和陆地环境的健康都很重要。海岸栖息地的生物生产力约占全部海洋生物生产力的1/3，一些河口生态系统（如盐沼、海草、红树林）可以算是地球上较多产的地区。另外，别的海洋生态系统，如珊瑚礁，为地球上最多样的海洋生态圈提供食物和庇护所。海洋在碳、氮、磷和其他重要化学元素的循环中起到了关键的作用。沿海水域和深海远洋的人类活动都改变了海洋的化学系统，其中对碳元素、氮元素和影响生物功能的溶解氧的影响最为显著。过去几十年来的污染、海岸栖息地的破坏和过度捕捞都对海洋环境和生物多样性造成了毁灭性的影响。全世界日益增长的对海味品的需求支撑着某些沿海地区经济发展的同时，也使很多鱼类种群的数量大幅减少。在此之上，气候变化对海洋的影响也远远超过了我们现在的认知。越来越多的科学证据证明，污染对海洋环境具有非常严重甚至灾难般的影响。一些化学污染物在环境中分布广泛且持续增多，并且容易在生物体内聚集，只要很低的浓度，它们就会对环境造成破坏。有毒的化学物质种类很多且数量巨大，并且通常很难被发现。

第一节　概　述

海洋为人类提供了很多好东西和极大的便利,然而人类的行为却直接或间接地改变和伤害了海洋。几年前,一个大型研究团队出版了《人类对海洋生态系统影响的全球地图》(*A Global Map of Human Impact on Marine Ecosystems*)一书,这是一本高清的附有大量世界海洋数据的地图集。这本书告诉我们,人类的活动严重改变了全球将近40%的海域,并且只留下了4%的相对原始区域。书中列举了气候变化、过度捕捞和污染等17种人类活动造成的影响结果。作者从各种来源收集数据,并将这些数据用于模型中,这个模型会对人类活动在每平方千米海域造成的影响进行评估。人类活动影响最大的海域是东加勒比海、北海和日本海域,两极附近的海域是受人类活动影响最小的。最易受影响的环境是大陆架、岩礁、珊瑚礁、海草床和海底山。只有小部分珊瑚礁、红树林和海草床相对不受影响。虽然不是所有受影响的海域都是因为受到污染的影响,但大部分海域是。污染的主要类型是营养过剩(富营养化)、海洋垃圾、石油泄漏和有毒污染物的排放。

一、致污物和污染物的区别

致污物(contaminant)是一些生物、化学、物理物质或能源,通常在环境中不存在或很少存在,并且当其浓度达到一定值时,会对生物体产生不利影响。所以当致污物达到了一定的浓度,它就成了污染物(pollutant)。污染物可能是像金属这种自然界中原本就有却过量的物质,也可能是人造的物质。污染物可以按照来源、对生物的影响、特征(比如毒性)或是在环境中的持久性进行分类。有毒化学品数量巨大,分布广泛,对它们进行监测的成本也非常高昂。

二、海洋环境污染的主要源头

陆源污染物有营养元素、沉积物、病原体，以及潜在的有毒化学物质，包括金属、农药、工业产品和药品。这些从陆地来的污染物对河口和沿海水域都造成了污染。工业革命以来，从工厂、污水处理厂和农田中排放出来的越来越多的物质最终都进入海洋生态系统中。但对于海洋来说，污染却不仅仅来自陆地。那些引起高度关注的事故，如阿拉斯加“埃克森·瓦尔迪兹”号油轮的石油泄漏事件和墨西哥湾“深水地平线”钻井平台事故就分别是运油船石油泄漏和海洋中的钻井平台爆炸污染了海洋。这些事故得到了广泛报道，并引起了公众对海洋污染的高度关注。别的水源污染可能就难以引人注目了，包括从船舶排放废物、从船舶浸出防污涂料，以及从木质舱壁和船坞桩中浸出木材防腐剂（如杂酚油或铬化砷酸铜）。饲养鲑鱼之类的水产养殖作业所带来的鱼类废料、食物残渣、抗寄生虫化学品和抗生素也会使附近水域遭受污染。对于海洋来说，污染物同样也可能来自大气。例如，煤的燃烧过程会使金属汞以气体的形式进入大气中，随后汞又会沉降到海洋中。化石燃料燃烧带来的氮氧化合物也是一种气体污染物，它们沉降到海洋之后就会造成海洋污染。

三、陆源污染进入海洋的主要途径

“海洋倾倒”指的是驳船将物体机械性地倾倒入海洋中。20 世纪 70 年代以前，在美国，往海洋中倾倒工业垃圾、核废物、污水和许多其他种类的废物是合法的，直到 20 世纪 70 年代初，美国才对其进行管制。然而，此后不合法的倾倒现象依然随处可见。人们逐渐在公共海滩上发现了来自下水道微生物的污染废物，以及一些令人讨厌的物品，如皮下注射器和卫生棉条敷贴器，由此反对向海洋中倾倒污水、污物的运动在美国得到了一定的支持。海洋中的大部分化学性污染都是通过管道而不是通过倾倒方式进入水中的。虽然大部分污染物（合法的）来自工业区和居民区，但也有一部分污染物来自农业区。工厂和污水处理厂通过管道向接收水域中排放废料，这样的污染源称为“点源”。点源可以由环境保护机构监测和管理。1977 年《清洁水法》（*Clean*

Water Act, CWA）通过以来，在控制点源污染方面已取得了很大进步。有些历史比较悠久的城市通常采用合流制排水系统（Combined Sewer System）——住宅和工厂通向污水处理厂的污水管道和雨水道相连。遇到暴雨时，水量往往超出污水处理厂的处理能力，导致所有东西未经处理就流入水中。这些污水中的细菌污染甚至会导致海滩因为卫生原因而关闭。

近几十年来，人们开始把关注点从点源污染转移到径流扩散和大气沉积（称为“非点源”）上来。下雨期间，污染物被雨水从土壤、街道、建筑工地等处冲刷进许多地方的水体中，大气中的污染物也会随雨水沉降。这种污染并不好应对。农场、道路、城市或自然风景区中的非点源污染大部分都不受控制，这些地区也是持续性污染的主要源头。如果不是直接流入城市污水处理厂的话，雨水就会直接流入水体中，携带着包括沉积物、油脂、多环芳烃和铁轨上的重金属在内的许多污染物。

四、水中的物体造成的污染

船舶上的防污涂料是有毒的，旨在减少藤壶和藻类等生物附着在船体上。该防污涂料释放出来的化合物会阻止这些浮游状态的生物附着在船体上。然而这些化合物对附近其他生物也有毒害作用。三丁基锡是过去使用最广泛的防污涂料，现在已经在世界上的大部分地区被禁止使用了。铜也被用作防污涂料，它因为对藻类和软体动物有毒害作用而被当作一种灭藻剂和软体动物杀灭剂。由于三丁基锡被禁用了，一些新的化学品被研发出来用来代替三丁基锡。Irgarol（2-叔丁氨基-4-环丙氨基-6-甲硫基-s-三嗪）作为一种新的防污涂料被普遍使用，它对非目标生物的毒性作用也很大。在码头周围的水体和沉积物中发现的Irgarol的剂量足以改变那里的浮游植物群落。人们也在水体和沉积物中发现了另一种防污抗微生物剂——敌草隆。

码头桩和舱壁这样的木质结构一下水就会被微生物腐蚀，被吃木虫之类的钻木动物，如蛀木水虱和船蛆（实际上是软体动物）破坏。为了防止这样的情况发生，船身会覆盖一些高浓度且有剧毒的化合物（如杂酚油和铬化砷酸铜）。这些物质会从木材中逸出并在环境中积累，导致附近的动植物中毒。

五、水产养殖业造成的污染

水产养殖业是饲养海洋生物以供人们食用的产业，相当于在海洋上进行的农业活动。养鱼场，特别是用于开放式养殖鲑鱼，已被发现是当地水域的污染源。数千条鱼集中在开放式网箱中，产生大量的粪便。这些粪便与没有被鱼吃掉的饲料下沉到海底会影响环境、污染水体并导致海底的动植物过度增长。举个例子来说，没有被鱼吃掉的饲料和鱼粪中的营养物质会使当地的藻类过度繁殖，从而导致水体中的氧含量下降，随之产生的氨、甲烷和硫化氢，对很多水生生物都会产生危害。水体中的氧含量过低对海洋生物来说同样是致命的。为了确保产量，很多类型的水产养殖业都使用化学处理方法，如使用抗生素和抗寄生虫化学品等。这些化学品释放到环境中，一旦超过一定的剂量便会对其他生物造成影响。目前水产养殖业中使用的化学品种类繁多，主要还是抗生素和抗寄生虫化学品等药品，以及喷在饲养箱上的像铜这样的防污涂料。在某些地区，如东南亚和南美洲，抗生素的滥用使细菌的耐药性大大增加，进而导致这些细菌对饲养的生物和包括人类在内的其他生物的危害增大。

六、污染物进入水体发生的变化

洋流和海洋生物可以使污染物重新分布到相当远的地方。然而，沉积物容易与金属结合，许多有机污染物集中在海底沉积物中。在美国，类似滴滴涕（DDT）和多氯联苯这样曾被广泛使用过的化学品现已不再生产。一个棘手的问题是，在它们被禁止使用数年之后，残留在海洋沉积物中的这些化学品仍在通过生态循环危害海洋生物。这些含有污染物的沉积物也会影响海底钻井作业，因为钻井作业会将这些污染物从沉积物中释放出来，并使海洋生物暴露在这些污染物中。另一个棘手的问题是，一旦这些原本在海底的污染沉积物上升，应该如何处理它们。正因为要解决这些问题，所以深化航道疏浚作业和清理有毒污染源工作长期拖延。生物会从环境中吸收或积聚这些化学品。这些化学品一旦被生物吸收，就会产生毒性作用。

七、化学品对海洋生物的危害

化学品会通过水生动物的皮肤、鳃和消化道进入水生动物体内,部分会被水生动物排泄或通过鳃过滤到环境中去。当吸收速度大于排泄速度时,化学品会在生物体内聚集。溶解性低和易与沉积物结合的化学品会在生物体内,尤其是脂肪组织中,积累到很高的浓度。氯化烃类农药、多氯联苯和甲基汞就属于这类低溶解性的有毒物质。它们一旦被水生动物吸收,就不那么容易被代谢和排泄出去。

污染物通过食物网在猎物和捕食者之间转化,这个过程被称为"营养转运"。在这个过程中,某些化学品会越来越集中,这个现象被称为"生物放大效应"。在此过程中,类似多氯联苯、滴滴涕和甲基汞这样的持久性有机化学品往往会聚集,从而发生生物放大效应,导致这些化学品在顶端捕食者的体内积聚到最大量。在污染区域内,动物从其所吃的每一种受污染的食物中积累有毒化学品。消费者体内的有毒化学品含量会比生产者体内的更高,处在食物链顶端的消费者,比如大型鱼类、吃鱼的鸟类、海洋哺乳动物和人类,其体内有毒化学品的含量会最高。即使像旗鱼和金枪鱼这样生活在远离任何汞污染源的深海远洋的大型鱼类,也会因为生物放大效应,在体内积累很高含量的甲基汞。因此,建议大家还是不要吃太多这种鱼类,尤其是孕妇和儿童。含氯农药、多氯联苯等也会产生生物放大效应,而除甲基汞之外的金属化合物则不会产生这种效应。鱼类体内积聚的污染物数量也可能会跟性别有关。卵黄中富含脂肪,可以储存大量的有机污染物。某些雌鱼生产的鱼卵中含有大量的脂溶性化学污染物,它们体内的化学污染物的含量会随着产卵过程而下降。在卵生的鸟类和爬行动物中也存在着污染物从母体转移到胎儿的现象。虽然这种转移会减少这些雌性动物体内的污染物含量,但这会导致后代在出生的时候,其体内就已经含有污染物了,这当然是不好的。

八、污染物的影响

大量的研究表明,有毒化学品会扰乱生物体的代谢调节和影响免疫系统,并损害它们的繁殖能力。污染物也很容易影响生物的行为、发育和生理机能。了解这些亚致死效应可以帮助我们理解不同化学品转化的机理,以及了解真实世界的生态效应。我们知道,生命的早期过程与阶段(精子、卵子、受精、胚胎发育和幼年期)极易受污染物影响,那么,基于能杀死成年生物的化学品剂量而设置的安全标准并不能保护这些幼小的生命。生物繁殖的激素调节过程会被很多化学品影响,如今我们将这些化学品称为“内分泌干扰物”。生命在早期阶段接触到某些有害物质,这些有害物质的效应不一定会立即显现出来,而是有可能稍后甚至好多年之后才显现出来。因此,探究化学品长时间的延迟效应和间接作用也是非常重要的。现在已经有一些针对这样的生态现实的研究,取得的进展大部分是针对淡水生态系统的。

化学品对个体的影响可能会改变种群的数量并降低种群成长率,减小种群规模,降低出生率,增高死亡率,使群体里的个体更年轻、形态更小,群落的遗传变异性也会因此降低。当群落里的易受污染影响的种类被淘汰,耐污生物种类成为群落的优势种类时,群落的遗传变异性就会降低。这些耐污生物优势物种往往是一些具有耐药性的昆虫和细菌。

毒性作用首先出现在生物化学层面,之后是细胞层面,然后是生物整体层面,再到种群,最终对整个生态圈产生影响。我们观测到最初的生化改变是酶的改变、DNA(脱氧核糖核酸)和RNA(核糖核酸)的改变,或者能够解毒的特殊蛋白质的生成。而在细胞层面,毒性作用表现为染色体被破坏、细胞死亡、细胞结构异常或癌细胞过度增殖。有些化学品会影响免疫系统,使生物更易感染传染性疾病。在生物整体层面,毒性作用会使生物的生理发育、成长行为、繁殖能力都有可能发生改变。如果毒性化学品的含量很高,感染的动植物就可能会死去。

幸运的是,如今很多地方的污染物排放都减少了,有毒废物也被及时清理了,由有毒废物带来的疾病发病率与其他问题也都减少了。可能对污染物的耐受力也消失了。哈得孙河旁边有家排放了数十年含钙物质的电池厂。来自石溪大学(Stony Brook University,又称纽约州立大学石溪分校)的杰弗里·莱文顿(Jeffrey Levinton)和他的同事们发现,生活在电池旁边的一块受污染的沼泽底泥里的虫子对钙的耐受性很高。根据美国环境保护署的要求,这里的污染经过很多年才被清理干净。如今,当那些科学家再来这里的时候,他们发现这些虫子经过许多代以后丧失了对钙的耐受性。

第二节　海洋环境的主要污染物质

海洋污染物的种类众多，根据污染物的性质，以及对海洋环境造成危害的方式，可以把污染物的种类分为以下几类，即固体废弃物、悬浮质、大肠菌群、热废水、酸碱、有机物和营养盐、重金属、石油、有机有毒物、放射性污染物和海洋噪声等。

一、固体废弃物污染

固体废弃物是指海洋环境中固态和半固态的废弃物质。固体废弃物污染俗称海洋垃圾，主要来自人类的工业发展、日常生活和其他活动。海洋垃圾影响海洋景观，威胁航行安全，造成水体污染，危害海洋生态系统。根据海洋垃圾所在位置，可分为海面漂浮垃圾、海滩垃圾和海底垃圾。海洋垃圾的主要类型包括塑料、金属、橡胶、玻璃、织物、纸和木制品等。

全球每年排入海洋的塑料类垃圾约为 800 万 t，主要来自中国、印度尼西亚、菲律宾、泰国和越南五个国家。

塑料垃圾在水流和波浪的作用下，会分解成更小的碎片。这些碎片容易被鱼、海鸟、海龟等生物误食，如 90% 的海鸟吃过塑料垃圾。海洋生物长期吞食塑料垃圾，会导致胃部肿胀，最终死亡。据研究表明，每年约有 1 500 万海洋生物因误食塑料垃圾而死亡，且呈现出不断恶化的趋势。

许多海洋垃圾通过大洋环流聚集在北太平洋的东部和西部，统称为太平洋垃圾带。东垃圾带位于美国夏威夷群岛和加利福尼亚州之间，面积是英国的六倍，西垃圾带位于日本以东到夏威夷群岛以西的海域。太平洋垃圾带是世界上最大的垃圾场，聚集着千万吨的垃圾，其中绝大部分是塑料制品。在过去 60 年间，垃圾带的面积一直在逐渐扩大，如果再不采取有效措施，海洋将无法负荷。

为了治理海洋垃圾，荷兰人斯拉特设计了一个叫“海洋清理”的塑料收集平台。“海洋清理”是世界上第一个海洋清洁系统，与过去用拖网来清理海洋垃圾的方式不同，“海洋清理”是一个固定不动的V形漂流障碍物，当海面垃圾被洋流带到此处时，就会自动聚集。“海洋清理”项目通过斯拉特的演讲，获得了广泛关注和资金支持，计划在10年内清除太平洋垃圾带中42%的垃圾。

二、悬浮质污染

悬浮质是指悬浮在水中的无机和有机颗粒物质。无机颗粒物质包括石英、长石、碳酸盐和黏土等；有机颗粒物质包括生物残骸、排泄物和分解物等。悬浮质主要来源于土壤流失、河流输入和海洋倾倒等。

悬浮质污染影响水质外观，妨碍水中植物的光合作用，减少氧气的溶入，对海洋生物不利。如果悬浮颗粒上吸附一些有毒有害的物质，则更是有害。水中悬浮质含量是了解海岸信息的重要依据，也是衡量水污染程度的重要指标之一。悬浮质含量通常用浊度来表征，浊度是指水中悬浮质对光线透过的阻碍程度。

浊度等于悬浮质质量除以水的体积。例如，1 L水中含有1 mg的SiO_2，所产生的浑浊程度为1 mg/L，即1度。浊度越低，水体越清澈；浊度越高，水体越浑浊。

三、大肠菌群污染

大肠菌群和粪大肠菌群是卫生学和流行病学上的重要指标，用于评价水体受生活污水的影响程度。粪大肠菌群是大肠菌群中的一种，大肠菌群多数寄生在温血动物肠道内，在肠道内进行大量繁殖，并随粪便排出体外。大肠菌群数量的高低，表明了人、畜粪便污染的程度，也反映了对人体健康的危害性大小。例如，波罗的海中大肠杆菌、沙门病毒、腺苷病毒等曾经含量很高，使得斯德哥尔摩等地的居民染上相关的传染病。

四、热废水污染

热废水污染是指工厂排放的废水温度过高（长期超过正常水温 4 ℃以上）造成的水体热污染。热废水的来源包括发电厂、核电站和钢铁厂的冷却系统排出的热水，以及石油、化工、造纸等工厂排出的生产性废水。美国每天所排放的冷却用水达 4.5 亿 m^3，接近美国用水量的 1/3，热废水含热量超过 1 万亿 kJ，足够 2.5 亿 m^3 的水温度升高 10 ℃。热废水的危害主要有海水温度升高，水中的溶解氧减少，植物、动物难以生存，破坏海洋生态平衡等。

五、酸碱污染

酸碱污染是指酸性或碱性废水进入海洋环境，改变水体的 pH 值。酸性废水的 pH 值小于 6，主要来自冶金、金属加工、石油化工、化纤和电镀等企业排放的废水。酸性废水具有较强的腐蚀性，危害海洋生态环境，并能对船舶、桥梁和水上建筑物造成损害；碱性废水的 pH 值大于 9，主要来自造纸、制革、炼油、石油化工和化纤等行业排放的废水，通常含有大量的有机物和营养盐。

六、有机物和营养盐污染

海洋有机物和营养盐污染是指排入海洋中过量的有机物和营养盐造成的污染。海洋环境中的有机物和营养盐污染会引起水体的富营养化。水体富营养化是由于人类活动，氮、磷等营养物质进入水体，藻类及其他浮游生物迅速繁殖，浮游生物死后分解，消耗大量氧气，导致水体溶解氧下降，水质恶化，鱼类及其他生物死亡。富营养化的来源包括工业废水、生活污水、农田化肥、家畜饲养和海水养殖等。富营养化主要发生在沿岸、海湾和河流入海口等受人类活动影响较强的地区。海洋中的赤潮和江河湖泊中的水华都是水体富营养化导致的结果。水体富营养化的指标包括无机氮、活性磷酸盐、化学耗氧量和生化需氧量。

无机氮是指未与碳结合的含氮物质，是海洋植物生长密切相关的营养物质。无机氮主要以亚硝酸根、硝酸根和氨氮等几种形式存在于海水中。海水中无机氮含量越高，富营养化越严重。

磷也是海洋植物生长密切相关的营养元素，磷在水中主要以活性磷酸盐形式存在，包括磷酸根、磷酸一氢根和磷酸二氢根。沿岸河口水域活性磷酸盐含量高，远离陆地的大洋活性磷酸盐含量低。活性磷酸盐含量越高，说明水体富营养化越严重。

化学耗氧量（COD）是采用氧化剂处理水样时，所消耗的氧化剂量，单位为 mg/L。化学耗氧量越高，表示水中有机污染物越多。

生化需氧量（BOD）是水样中有机物在微生物作用下氧化分解，所消耗溶解氧的量，单位为 mg/L。其测定方法为，20 ℃下培养 5 天所消耗的氧量，记为 BOD_5，即 5 日生化需氧量。生化需氧量越高，表示水中有机污染物越多。

七、重金属污染

重金属污染是指汞、镉、铅、锌、铬和铜等重金属元素通过河流、大气等途径，排入海洋而造成的污染。海洋中的重金属既有天然来源，也有人为来源。天然来源包括地壳岩石风化、海底火山喷发和陆地水土流失等；人为来源包括工业污水、矿山废水、重金属农药、煤和石油的燃烧等。重金属污染通过食物链在海洋生物体内富集，威胁人类饮食安全。

1956 年，日本熊本县的水俣病是最早出现的、由于工业废水排放而造成的公害病。日本水俣病事件的起因是氮肥厂和醋酸厂常年向水俣湾排放未经任何处理的废水，废水中含有大量的汞。汞在水中被海洋生物食用后，转化成剧毒的甲基汞，这种剧毒物质只要有挖耳勺的一半大小就可以致人死亡。水俣湾里的鱼虾由此被污染了，这些被污染的鱼虾通过食物链又进入了动物和人类的体内。

甲基汞被肠胃吸收后，侵害人类的脑部和身体其他部分，进入脑部的甲基汞会使脑萎缩，破坏掌握身体平衡的小脑和知觉系统。据统计，有数十万人食用了水俣湾中被甲基汞污染的鱼虾。水俣病危害了当地人的健康和家庭幸福，使很多人身心受到摧残，至少 1 700 多人中毒丧生。

为了恢复水俣湾的生态环境，日本政府在 14 年内先后投入 485 亿日元以清除水俣湾全部含汞底泥。同时，将湾内被污染的鱼虾统统捕获填埋。水俣湾的鱼虾不能再捕捞食用，当地渔民的生活失去了依赖，很多家庭陷入贫困。第二次世界大战后，日本经济虽然获得长足的发展，但环境破坏和贻害无穷的公害病，使日本政府和企业付出了极其昂贵的代价。

重金属污染不仅包括汞中毒，还有铜超标。1986 年 1 月，我国台湾高雄县附近海域养殖户发现，牡蛎呈现奇怪的绿色，称为“绿牡蛎事件”。后经研究表明，附近的废五金处理厂进行酸洗时，所产生的废液中含有大量的铜离子。这些废水未经处理排入海洋中，造成海水铜浓度过高。铜离子被牡蛎吸收富集后，该海域的牡蛎含铜量高达 4 410 μg/g，富集系数超标 50 万倍。“绿牡蛎事件”并非独有，在英国、澳大利亚和美国等地都曾因海水铜浓度超标，发生“绿牡蛎事件”。

八、石油污染

海洋石油污染是指石油及其炼制品在开采、炼制、贮运和使用过程中进入海洋环境而造成的污染。石油污染是海洋中最严重、最普遍的污染现象之一。石油污染会破坏海产养殖、盐田生产和滨海旅游区等产业。海面上的油膜会阻碍大气与海水之间的气体交换，影响海洋植物的光合作用。海兽皮毛和海鸟羽毛被石油沾污后，会失去保温、游泳或飞翔的能力。石油中所含的苯和甲苯等有毒化合物泄漏入海洋后，会进入食物链，对海洋生物造成巨大危害。

每年约有 1 000 万 t 石油和石油产品进入海洋，占全世界石油总产量的 0.5%。绝大部分海洋石油污染是人类活动产生的，主要来源包括船舶运输、海上油气开采和沿岸工业排污等。近些年来，世界各国溢油事故频发，环境损失惨重，仅我国每年海上各种溢油事故发生约 500 起。

2011 年 6 月，中国海洋石油总公司（中海油）和美国康菲石油公司在渤海湾合作开发的海上油气田蓬莱 19-3 发生溢油事故。康菲溢油事故导致 6 200 km^2 海水被污染，劣四类海水面积达到 840 km^2，是我国迄今为止最严重的海洋生态事故和漏油事故。

康菲溢油事故的主要经过如下：2011 年 6 月 4 日，蓬莱 19-3 的 B 平台发现少量溢油；6 月 17 日，C 平台发生小型井涌事故；6 月 30 日，媒体报道漏油事故；7 月 3 日，中海油称渗漏点得到控制；8 月 31 日，康菲公司称已彻底封堵渤海溢油源；9 月 2 日国家海洋局认定康菲公司堵漏未完成，责令其停产，康菲溢油事故后续发展情况如下：2012 年 4 月，中海油和康菲公司总计支付 16.83 亿元，其中，康菲公司出资 10.9 亿元，赔偿海洋生态造成的损失，中海油和康菲公司分别出资 4.8 亿元和 1.13 亿元，承担保护渤海环境的责任；2013 年 2 月，国家海洋局同意康菲公司蓬莱 19-3 油田恢复生产；2015 年 10 月，康菲溢油事故赔偿第一案一审宣判，康菲公司被判赔偿 21 名河北省乐亭县养殖户 168 万元。

九、有机有毒物污染

有机有毒物是指污染海洋环境并造成人体中毒的有机物。随着现代石油化学工业的高速发展，很多自然界没有的、难分解的、有剧毒的有机化合物被生产出来，包括有机磷农药、有机氯农药和多氯联苯等。它们在水中的含量虽然不高，但毒性大，化学性质稳定，残留时间长。有机有毒物的主要危害是易被海洋生物富集，毒害海洋生物，进而通过食物链毒害人类。

有机磷农药的组成成分中含有有机磷元素，主要用于防治植物病害、虫害。目前，广泛应用的杀虫剂如对硫磷、敌敌畏、敌百虫和乐果等，都属于有机磷农药。有机磷农药品种多、药效高、用途广，具有很强的杀虫、杀菌力。但是，过量使用农药会造成残留农药流入地下水和河流，污染海洋环境。有机磷农药的毒性强、危害大，能从口、鼻、皮肤等部位进入体内，导致神经系统损害为主的系列伤害。

有机氯农药的组成成分中含有有机氯元素，主要品种有滴滴涕和六六六等，能够有效防治植物病害、虫害。有机氯农药是目前生产量最大，使用面积最广的一类有机合成农药。有机氯农药污染能够长期残留，并不断迁移，在北极和南极地区都监测出了不同程度的滴滴涕和六六六。

多氯联苯又称氯化联苯，是一类人工合成的有机物，性质极为稳定，抗高温，抗氧化，抗强酸强碱，具有良好的绝缘性。多氯联苯被广泛用于电容器、变压器、可塑剂、润滑油、木材防腐剂、油墨和防火材料等方面。但是，多氯联苯能够致癌，容易累积在脂肪组织，造成脑部、皮肤及内脏的疾病，并影响神经、生殖及免疫系统。多氯联苯在工业上的广泛使用，已造成全球性环境污染问题。根据联合国的《关于持久性有机污染物的斯德哥尔摩公约》规定，多氯联苯是全球禁止生产，且要最终消除的

12种持久性有机污染物之一。

十、放射性污染

海洋放射性污染是指人类活动产生的放射性物质进入海洋而造成的污染。自然界和人类生产的元素中,有一些会发生衰变,并放射出肉眼看不见的射线,这些元素被称为放射性元素。自然状态下,放射性元素一般不会给生物带来危害。20世纪50年代以来,随着核能源的开发,放射性物质大大增加,已经危及生物生存,进而危害人类健康,钴-60是金属元素钴的放射性同位素,“60”表示相对原子质量,其半衰期为5.27年。钴-60会严重损害人体血液内的细胞组织,引起血液系统疾病;锶-90是元素锶的一种放射性同位素,一般来自核爆炸或核燃料产物,半衰期为28年。锶-90容易积存在人体骨骼中,增加罹患骨癌或白血病的风险;碘-131是核裂变产生的人工放射性元素,半衰期为8.3天。碘-131过量摄入会在甲状腺内聚集,引发甲状腺疾病甚至甲状腺癌;铯-137是核裂变的副产品之一,半衰期长达30年,不易消除。铯-137会损害造血系统和神经系统,并增加患癌概率。

海洋中的放射性元素存在时间长,无法直接察觉到,且难以根除。核试验、核武器、核电站和核潜艇等发生的核泄漏事故,屡见不鲜。1985年8月,苏联“K-431”号巡航导弹核潜艇,在船坞内排除故障时,因操作失误引起反应堆爆炸,造成10余人死亡,49人受到核辐射损伤,环境污染严重;2011年3月12日,日本受特大地震和海啸的影响,福岛第一核电站的1~6号机组全部报废,放射性物质发生泄漏。日本福岛核泄漏是目前最严重的海洋放射性污染事故,大量污水流入海洋,排水口放射性物质的浓度是法定限值的三千多倍,附近鱼类所含放射物超标五千多倍。

福岛核泄漏之后,核电站周围20 km设为警戒区,警戒区内16万名居民被迫搬离家园。每天约有超过300 t受到放射性物质污染的水排入海洋,栖息于福岛附近的无脊椎动物种类和数量均显著减少。目前核泄漏仍未彻底解决,有7 000多名员工奋战在福岛核电站第一线,核电站完全报废预计需要40年。

十一、海洋噪声污染

海洋噪声一般是指海洋中嘈杂、刺耳的声音，主要参数为频率和声压级。频率对应音调的高低，单位为赫兹（Hz）。频率越高的声音，感觉越尖锐、刺耳，时间长了会导致海洋生物听力下降，甚至失聪；声压级能够表示噪声的强弱，单位为分贝（dB），分贝越高，感觉越响，对海洋生物的危害越大。

海洋噪声分为两种类型，一是由自然因素造成的，如海浪、洋流和各种海洋生物产生的声音等；二是人为制造的，如船舶、声呐、水下工程作业等形成的声音。一般将人为因素形成的声音称为海洋噪声污染。海洋中常见的人为噪声主要分为船舶噪声、声呐噪声和水下工程噪声三类。

（1）船舶噪声。船舶噪声是船只自身引起的噪声，跟船只的大小、功能和发动机的功率有很大关系。船舶噪声的大小在150~200 dB，随着海上船舶航运密度的增加，每年以0.5 dB的速度增加。船舶噪声的频率在5~500 Hz的范围内，高于100 Hz的噪声会对海洋哺乳动物和某些鱼类造成威胁。

（2）声呐噪声。声呐是利用声波来发现水下目标物理性质和位置的设备。为了探测和研究海洋，声呐设备的使用越来越多。但是这种看不见的声波，能够干扰海洋生物的生活，甚至危及它们的生存。鲸鱼和海豚等哺乳动物依赖声音进行交流、觅食和躲避天敌。声呐噪声会损坏它们的听觉器官，让它们失去方向感，甚至搁浅死亡。

中频声呐试验导致的鲸鱼搁浅死亡事件屡见不鲜。2004年7月，美军开启声呐测试后不久，夏威夷沿岸的浅水中就有200头鲸鱼搁浅；2005年初，由于美军声呐试验，37头鲸鱼搁浅在北卡罗来纳州的外滩；2009年3月，美国“无暇号”打开声呐工作后不久，就有一条座头鲸迷航搁浅。目前科学界对于军用声呐可以大范围伤害、杀死海洋哺乳动物这一点上，已经没有争议。

（3）水下工程噪声。随着社会经济的飞速发展以及陆上资源的短缺，水下工程的数量越来越多，如跨海大桥、海底隧道、港口码头、海上石油天然气开采平台和海上风电场等。水下工程作业要进行水下的爆破、打桩、钻孔和疏浚等操作，会造成严重的噪声污染。水下工程噪声属于中低频噪声，打桩和水下爆破的噪声较大，钻孔和疏浚的噪声相对较小。

第三节　常见的海洋环境问题

一、河口富营养化问题突出

我国近海营养盐污染严重的海域集中在河口海湾区域。根据《2017年中国近岸海域生态环境质量公报》和《2017年中国海洋生态环境状况公报》，我国严重污染海域主要分布在辽东湾、渤海湾、长江口、杭州湾、珠江口等近岸海域。近海海水中，溶解无机氮和活性磷酸盐的问题比较突出，其中含氮营养盐的污染问题尤为突出，且在过去的几十年中，营养盐浓度和组成发生了显著变化，主要表现为无机氮浓度和氮磷比持续增大。营养盐浓度和结构的变化对河口生态产生了显著影响。长江口海域叶绿素a浓度从20世纪80年代中期到21世纪初增大了3倍，同期长江口及其邻近海域赤潮事件发生频率则增大了几十倍。大型底栖动物种类数自20世纪80年代中期锐减，此外，研究发现厦门附近海域富营养化和营养盐结构长期变化引起浮游植物群落出现结构单一、小型化、生物量增加、甲藻种类增加等趋势。

在北海北部，由于P/Si、N/Si值的增加导致了硅藻被鞭毛藻所代替，使浮游植物种类的组成发生了变化；在胶州湾，营养盐结构的改变引起大型硅藻的减少和浮游植物优势种组成的变化。这些变化在一定程度上导致我国近岸海域出现赤潮和绿潮等生态灾害。根据《2017年中国海洋灾害公报》，我国共发现赤潮68次，累计面积3 679 km^2，其中东海海域发现赤潮次数最多且累计面积最大。同时，浒苔在黄海沿岸海域暴发，其南部海域发生马尾藻变化。由此可见，富营养化已经成为我国近海所面临的主要环境问题，严重影响到近海资源与环境可持续利用。

二、海水入侵与沿海土壤盐渍化

咸潮多发于河流的枯水期，这时河流水位较低，海水比较容易倒灌入河。我国大部分地区属季风气候，降水有明显的季节变化。旱季时，河流处于枯水期，咸潮影响明显增强。若遇到特枯年份，咸潮危害更大。海平面上升加剧咸潮蔓延。据《2017年中国海平面公报》，中国沿海海平面变化总体呈波动上升趋势。1980~2017年，中国沿海海平面上升速率为3.3 mm/a，高于同期全球平均水平。2017年，中国沿海海平面较常年（2003~2011年）高58 mm，比2016年低24 mm，为1980年以来的第4高位，中国沿海近6年的海平面均处于30年来的高位。海平面上升加大海水淹没面积，加剧海洋灾害发生频率，破坏沿海生态系统，产生一系列生态和经济社会影响。

近年来，我国河口地区咸潮入侵呈现的频次增加、持续时间延长以及上溯影响范围增大的趋势。盐水入侵严重的河口包括珠江口、长江口等重要河口。珠江口自2004年以后，每年都发生盐水入侵，特别是2005年和2009年枯水期，咸潮入侵给珠江三角洲的城市供水带来严重威胁。据《2017年中国海洋灾害公报》，2017年，渤海滨海平原地区海水入侵较为严重，主要分布于辽宁盘锦，河北秦皇岛、唐山和沧州，以及山东潍坊滨海地区。海水入侵距离一般距岸12~25 km。咸潮的入侵加剧了三角洲的土壤盐渍化，珠江三角洲和黄河三角洲的土地盐渍化程度非常严重，严重制约了当地农作物经济。2017年，土壤盐渍化较严重的区域主要分布在辽宁盘锦、河北唐山和沧州、天津、山东潍坊等滨海平原地区，盐渍化距离一般距岸9~25 km，其他监测区盐渍化距离一般距岸4 km以内。

三、局部近岸海域重金属污染累积性风险加大

海洋沉积物质量监测结果表明，我国近海和远海海域的海洋沉积物质量总体上保持良好，沉积物污染的综合潜在生态风险较低，但部分近岸海域沉积物受到污染比较严重，尤其是一些河口、海湾的沉积物污染较重主要污染物为汞、铜、镉、铅、砷等。2011年在九龙江口发现了受重金属污染的牡蛎，当地沉积物的铜含量为45~223 mg/kg，属于中等污染

水平。2013 年报道了渤海湾重金属污染灾区；受附近金矿开采和冶炼活动的影响，山东界河河口的溶解态铜、锌含量分别高达 2 755 g/L 和 2 076 g/L，沉积物的铜含量达到 1 462 mg/kg，这是目前我国近海环境铜污染的最高纪录。2010 年，调查发现珠江口沉积物的铜平均含量比背景含量（15 mg/kg）高出 2 倍以上，个别区域的铜含量更达到背景含量的 6 倍。还有调查发现了珠江口过去 100 年沉积物的重金属浓度变化，结果表明，珠江口沉积物的铜、铅、锌含量自 1970 年后均呈上升趋势，其中珠江口上游虎门附近的沉积物的铜含量在 1960~1990 年增加了约 40%。

重金属污染通过生物累积也产生了海洋生物污染问题。多地发现的“蓝牡蛎”和“绿牡蛎”的现象印证了铜污染问题在近海河口环境普遍存在的观点。调查发现福建九龙江口香港巨牡蛎 *Crassostrea hongkongensis* 的铜和锌含量分别达到 14 380 μg/g 和 21 050 μg/g（干重含量，下同），肉组织整体呈蓝色。当地葡萄牙牡蛎 *Crassostrea angulata* 的铜和锌含量的最大值也达到 8 846 μg/g 和 24 200 μg/g，肉组织整体呈现绿色。污染牡蛎体内的重金属已达到其干重比例的 2.4%，这可能是目前在野外海洋生物中记录到的最高重金属含量。

四、新型污染物环境污染风险加大

据统计，2009 年我国农药生产量超过 200 万 t，使用量达到 32.6 万 t，均超越美国而处于世界第一，农药的单位面积用量为世界平均用量水平的 3 倍，且当前我国农药的生产量和施用量还呈继续上升趋势。研究表明，施用的农药中有 70%~80% 直接进入了环境。农药不仅通过农产品残留影响人体健康，更直接对土壤、水和大气造成污染，由此导致的生态风险和健康风险已经成为当前社会关注的热点问题，其中有机氯和有机磷农药由于使用量大、残留量多、毒性大等特点成为目前热点关注的两大类农药。这两类农药在我国河口地区多有检出。譬如，近海生物体中有机氯类农药 DDT（滴滴涕农药，化学名为双对氯苯基三氯乙烷）和农药六六六（化学名为六氯环己烷）污染较严重地区位于天津海河入海口附近区域。有机磷类农药在部分河口和近海海域水体中也有检出，如在厦门附近的九龙江口水体中检出了甲胺磷、敌敌畏、马拉硫磷、氧乐果和乐果等共计 17 种有机磷农药，总质量浓度范围处于

134.8~354.6 ng/L（平均 227.2 ng/L），并且甲胺磷、氧乐果和敌敌畏等农药对河口的生态环境安全已经构成一定威胁；同期调查珠江口总有机磷农药的质量浓度为 4.44~635.00 ng/L。莱州湾海域水体中有机磷农药的质量浓度在 0.2~79.1 ng/L。

药物及个人护理品（Pharmaceutical and Personal Care Products，PPCPs）作为一种新型污染物日益受到人们的关注，主要包括抗生素、消炎止痛药。精神类药物、β 受体拮抗剂、合成麝香、调血脂药等各种药物以及化妆护肤品中添加的各种化学物质。其中，抗生素是在水环境中广泛存在的一类污染物。近年来，由于其“假”持久性并能引起环境菌群产生耐药性而备受关注。我国是抗生素的最大生产国和消费国，年产抗生素原料大约21万t，出口3万t，其余自用（包括医疗与农业使用），人均年消费量 138 g 左右（美国仅 13 g）。抗生素的大量使用必然会导致过多的残留物进入环境中，对环境和人体健康构成严重威胁。因此，抗生素的生态环境效应日益受到广大环境领域学者的关注，特别是在人口密度高、发展速度快的长江三角洲地区，长江口主要的抗生素是氯霉素类和磺胺类抗生素，其中，氯霉素类中检测质量浓度最高的是甲砜霉素，达到 110 ng/L，磺胺类中磺胺吡啶浓度最高，质量浓度为 219 ng/L。

内分泌干扰物也称为环境激素（Environmental Hormone），是一种外源性干扰内分泌系统的化学物质，具有生殖和发育毒性，对神经免疫系统也有影响。生物体通过呼吸，摄入、皮肤等各种途径接触暴露，干扰生物体的内分泌活动，甚至引起雄鱼雌化。其中于基酚（NP）、双酚 A（BPA）、辛基酚（OP）危害尤为严重。

这些环境激素在我国河口中普遍检出。譬如，对长江口及其邻近海域壬基酚（NP）的研究表明，NP 在表层水、悬浮物的质量浓度分别为 14.09~173.09 ng/L 和 7.35 ~72.02 ng/L，表层沉积物中的 NP 含量为 0.73~11.45 ng/g。珠江口表层水 BPA 的质量浓度为 1.17~3.92 μg/L，平均值为 2.06 μg/L，目前，珠江口地区表层水中 BPA 生态风险较高。

原国家海洋局监测结果表明，我国海洋垃圾污染严重，主要成分为塑料。据调查，目前渤海、黄海、南海、三峡库区及支流、太湖甚至武汉城市水体、沉积物、生物体均广泛检出以聚乙烯、聚对苯二甲酸乙二酯、尼龙、聚酯等材质为主的环境微塑料。尽管目前塑料垃圾对人体健康的影响并不明确，但已对海上航运、海洋生物生命安全等产生了威胁。

五、近岸海域生态系统和生物资源衰竭

河口和海岸带作为河流与海洋的过渡区域，是许多重要海洋经济生物的产卵场、索饵场和栖息地。近年来，由于海平面上升加剧、环境污染外来物种入侵、海岸带围垦等自然和人为因素的影响，海岸带湿地受到的威胁日趋严重，海岸带湿地生态系统不断退化甚至消失，给我国沿海地区带来巨大生态威胁和环境风险。从1950~2014年，我国总共损失了$8.01\times10^{9}\,hm^{2}$的海岸带湿地，总丧失率为58.0%，并且海岸带湿地以年围垦率5.9%的速度被围垦。渤海湾、长江三角洲、珠江三角洲湿地围垦强度相对较高，河口海岸湿地面积急剧减少甚至消失。

2017年，国家海洋局监测的河口、海湾、滩涂湿地、珊瑚礁、红树林和海草床等海洋生态系统中，4个海洋生态系统处于健康状态，14个处于亚健康状态，两个处于不健康状态。其中，珠江口从2004—2017年，常年处于不健康状态或亚健康状态。滦河口-北戴河大型底栖生物密度偏低，浮游植物丰度偏高；黄河口大型底栖生物密度、生物量低于正常范围，浮游植物丰度偏高；长江口浮游植物丰度异常偏高且大型底栖生物量偏低；各河口区鱼卵仔鱼密度总体较低。我国主要河口的环境污染、生境丧失或改变生物群落结构异常状况没有得到根本改变。

我国海洋共记录鱼类2 880种，其中渤海记录有173种，黄河三角洲附近海域记录112种，占我国海鱼类总种数的3.89%，占渤海鱼类总种数的64.7%。渤海渔业资源在20世纪50~60年代处于鼎盛时期，主要经济品种有260种，较重要的经济鱼类和无脊椎动物近80种。据估算，渤海渔业资源的年可捕量约在30万t，而早在70年代年捕捞量就已经超过30万t，1996年达到120万t。黄河口洄游性鱼类主要有达氏鲟、刀鲚、银鱼和鳗鲡等，其中，刀鲚为黄河溯河鱼类的典型代表，平时生活在近海处，春季进行溯河洄游产卵。60年代河口刀鲚极为常见，现在已基本绝迹。长江口及其毗邻海域的主要经济水产动物资源目前处于全面衰退的现状。目前，长江口及毗邻海域的鱼类种类数和资源密度指数与1960年相比均出现了较大幅度的下降，虽然仍以底层鱼类的生物量占绝对的优势，但鱼类群落中优势种的种类组成却发生了较大的更替，由1960年以底层优质鱼类为主变为目前以中、上层种类和小型低值杂鱼为主，群落的多样性趋于简单化，稳定性更加脆弱。调查结

果表明，长江口区渔业物种减少，资源量下降，一些物种相继消失，如鲥鱼、白鲟、白鳍豚、江豚、松江鲈等均已基本绝迹。凤鲚虽仍有一定数量，但也已出现资源衰退迹象，鳗苗处于高强度捕捞状态。中华绒螯蟹产量锐减，蟹苗产量也大幅度下降。总之。长江口区主要渔业对象的资源呈全面下降趋势，不容乐观。据调查，广东原有的 70 多种珊瑚、30 多种名贵鱼类，以及江豚、海豚、海龟、鼋等众多的品种，由于没有得到有效保护，资源量急剧下降，一些品种已绝迹多年。在短短 25 年内，广东省列入国家、省和国际保护名录的珍稀濒危水生动植物从之前的文昌鱼、鹦鹉螺等若干种扩大到近 400 种，而且接近濒危边缘的物种数目还在逐年增加。目前，广东生态功能较好的海湾河口、海岸带不足 20%，如珠江口附近已无原生海域，而丧失生态功能的局部海域“荒漠化”趋势有从珠江口扩展到全省近海的趋势，海岸带所特有的“水生物摇篮”、抵御风暴潮和净化环境的功能显著退化。

六、渔业资源种群再生能力下降

和十多年前相比，我国近海渔业资源受到过度捕捞和环境污染的影响很大。污染使得鱼类的生存环境遭到破坏，然而过度捕捞和毁灭性的渔业活动却让渔业种群几近崩溃。曾以产量高、品种多享誉国内外的我国四大渔场(渤海渔场、舟山渔场、南海沿岸渔场和北部湾渔场)，如今已经退化得很厉害，甚至显得有些名不副实了。与带鱼、乌贼并称为我国近海“四大海产”的大黄鱼、小黄鱼曾经是百姓餐桌上常见的美味，可如今大小黄鱼双双登上了“红色名单”，在《中国物种红色名录》中被列为“易危”物种。我国近海渔业资源在 20 世纪 60 年代末进入全面开发利用期，随着海洋捕捞机动渔船的数量持续大量增加，捕捞强度超过资源再生能力，急剧地降低了渔业生物资源量。并且渔产品越捕越少，越捕越“年轻”的现象已经不足为怪，由于过度捕捞低龄鱼以及处于食物链下层的低值鱼，造成海洋正常的生物链严重断裂，上层食物链的鱼类没有了食物，渔业资源也就难以延续。据广东省一位从事近岸捕捞的船长介绍，本地许多传统渔场已经消失了，过去一次出海顺利的话能捕到几百公斤大黄鱼，现在一年也只能捕到几尾，而鲅鱼虽不至于如此“濒危”，但旺季每次出海也只能抓到三四十斤，远小于十多年前的两三百斤。

另外，伴随着前所未有的海洋大开发，我国沿海承载着巨大的资源和环境压力，海洋环境与经济发展之间的矛盾越发突出。鱼类的产卵场和索饵场一般是在近岸的浅水区或河口附近，而我国的围填海也大多聚集于这类区域。大型围海、填海工程对相当大范围内的鱼卵、仔稚鱼造成伤害，直接破坏了渔业生物的产卵场和栖息地，影响了渔业资源的再生能力。

七、外来海洋生物来势汹汹

海洋既是生物资源的宝库，也是容易遭受外来物种入侵、定居、扩散和蔓延的敏感区域。一方面由于沿海经济的高速发展，促进了沿海地区外来物种的引入；另一方面，鉴于目前我国在防范外来生物入侵方面还存在一些薄弱环节，使得我国海域外来物种入侵现象日趋增多，带来的威胁也越来越严重。我国已从国外引进了至少 26 种海水养殖生物进行养殖，引进了 3 种滩涂植物进行栽培；大连等地的海洋水族馆还引进了近百种观赏性海洋生物。除了有意引种外，一些外来物种还随远洋航运悄悄潜入我国福建、广东、广西及海南海域。

大型盐碱植物如大米草和互花米草等、海洋病原性微生物如引种南美白对虾不慎带来的桃拉病毒和淋巴囊肿病毒等、海洋微小型藻类如球形棕囊藻等、海洋无脊椎动物如沙筛贝和虾夷马粪海胆等、海洋脊椎动物如美国红鱼等外来入侵物种来势汹汹，在我国沿海地区掀起了“狂风巨浪”。

第四节　海洋渔业资源严重衰退

我国是世界海洋捕捞第一大国，并连续 20 多年蝉联世界第一。但是，这个“世界第一”并不是件令人高兴的事情。据专家估算，我国近海渔业资源每年可捕捞量约为 800 万 t，然而，从 1994 年（近海捕捞量约 926 万 t）到 2017 年（近海捕捞量约 1 328.27 万 t），我国近海渔场已过度捕捞超过20年。根据《2017年中国渔业统计年鉴》,我国海洋渔业机动渔船26.12万艘,而且还有许多没有被统计的渔船,大量的渔船早已超过了渔业资源的可承受程度。长期过度捕捞以及近海环境污染,造成我国渔业资源日益匮乏,我国传统的四大渔场,即渤海湾渔场、舟山渔场、南海沿岸渔场和北部湾渔场,渔业资源曾经非常丰富,然而现在已名存实亡,陷入无鱼可捕的危机。渤海素有"渔业摇篮"之称,但在2011年,国家海洋局却称:"渤海湾作为渔场的功能已丧失。"如此评价并不夸张,渤海大量滩涂、湿地被占用,鱼汛早已消失。四大传统渔场的严峻现状,迫使渔民纷纷改行。2017年,我国渔民为661.11万人,比上年减少17.36万人,降低2.56%。

海洋渔业资源锐减的同时,海水养殖业迅猛发展。海水养殖满足了人民对水产品的需求,提高了人民的生活水平。然而,大规模的海水养殖使得水面超负荷运载,水中饵料、肥料、排泄物增加,水体富营养化加重,水质恶化。海水养殖业的自身污染,已成为制约渔业持续健康发展的重要因素之一。

为了改善近海的渔业现状,我国政府采取了诸多举措。例如,我国近海每年有3个月左右的休渔期,以保护鱼类的繁殖产卵,让鱼类有充足的生长时间;我国禁止使用"底扒网""绝户网"等违规渔具;禁止在海上电鱼、炸鱼、毒鱼。我国大力保护近海的生态环境,实时监控环境状况,减少陆地污染的排放,禁止不合理地开发和利用海洋。

第五节　典型海洋生态系统的破坏

海洋生态系统是指由海洋生物群落及其环境所构成的自然系统。海洋生态系统的健康状况可分为健康、亚健康和不健康3个级别。

(1)健康。生物多样性及生态系统结构基本稳定,生态系统主要功能正常发挥。

(2)亚健康。生物多样性及生态系统结构发生一定程度变化,但生态系统主要功能尚能发挥。

（3）不健康。生物多样性及生态系统结构发生较大程度变化，生态系统主要功能严重退化或丧失。

根据海洋环境的差异，海洋生态系统可分为海湾生态系统、河口生态系统、滩涂湿地生态系统、珊瑚礁生态系统、红树林生态系统，海草床生态系统、上升流生态系统、深海生态系统和海底热泉生态系统等。

海湾生态系统。海湾地处陆地边缘，是人类从事海洋活动的重要场所。海湾生态系统在人类活动影响下，环境污染较为严重，资源明显衰减，生态系统失衡。例如，2016 年，我国面积大于 100 km^2 的 44 个海湾中，17 个海湾存在严重污染海域，主要污染物质为无机氮、活性磷酸盐和石油等。我国海湾生态系统多数呈亚健康状态，锦州湾和杭州湾生态系统呈不健康状态。保护海湾生态系统，对海湾的资源和环境，以及沿海地区人民的生产、生活有着重要的意义。

河口生态系统。河口是河流注入海洋的地方，海水和淡水在此交汇和混合，形成了独特的河口生态系统。河口生态系统的温度和盐度变化显著，悬浮颗粒多，水体富含有机质。我国的双台子河口、北戴河、黄河口、长江口和珠江口等河口生态系统，浮游植物密度偏高，水体富营养化，普遍为亚健康状态。

珊瑚礁生态系统。珊瑚礁是由碳酸钙组成的珊瑚虫骨骼，经过数百年至数千年的生长、累积后形成的。珊瑚本身是白色的，它的美丽颜色来自体内共生的海藻，海藻通过光合作用向珊瑚提供能量。珊瑚礁为许多动植物提供了生活环境，珊瑚礁及其生物群落构成了珊瑚礁生态系统。珊瑚礁生态系统的种类丰富、形态多样、生命活动旺盛，是热带浅海特有的生物群落。近年来，由于日益变暖的气候和日渐酸化的海水，珊瑚的共生海藻大量离开或死亡，珊瑚逐渐白化，最终因失去营养供应而死亡。

位于澳大利亚东北海岸的大堡礁是世界上最大的活珊瑚礁群，面积约 28 万 km^2。这里水温高，日照强，营养物质丰盛，极有利于珊瑚虫和其他海洋生物的生长发育。大堡礁生存着 400 多种珊瑚，1 500 多种鱼类，数万种软体动物、甲壳动物和其他生物，仅鲸类就有 22 种。但是，目前大堡礁已呈现衰亡的趋势，有专家预测，到 2100 年，这个世界上最大的珊瑚体系很可能崩溃。

我国珊瑚礁主要分布在台湾岛、海南岛和南海诸岛，珊瑚礁总面积约 7 300 km^2，位列全球第八。我国珊瑚礁以海南岛最多，其面积占全国的 98% 以上。近年来，由于人为破坏和环境变化，我国珊瑚礁面积减少约 80%，海南岛的活珊瑚减少 95%，珊瑚礁生态系统已出现退化迹象。

红树林生态系统。红树林属于潮间带特有的木本植物群落，生长于陆地与海洋交界带的滩涂浅滩，是陆地向海洋过渡的特殊生态系统。红树林为大量藻类、无脊椎海洋动物和鱼类提供了理想的生活环境，红树林也是许多鸟类的天然栖息地和迁徙中转站。红树林生态系统是红树植物以及伴生动物和植物共同组成的集合体。红树林生态系统的主要功能包括巩固海滩、防风防浪、净化海水。

滩涂湿地生态系统。滩涂湿地拥有广阔的淤泥质海滩，多由河流携沙淤积而成，主要集中在河口两侧。滩涂湿地具有调节气候、减缓洪水和净化水质等功能，是众多两栖类、爬行类、鸟类和哺乳类动物的繁衍地。2016 年，我国苏北浅滩滩涂湿地生态系统呈亚健康状态，浮游植物和底栖生物密度较高，生物体内铅和砷的残留偏高。滩涂植被主要类型为互花米草、碱蓬和芦苇，面积 223 km^2，与上年相比略有减少。

海草床生态系统。海草是唯一可以在海水中完成开花、结实和萌发的被子植物。由于海草的生长需要较高的光照强度，海草的生长区域被严格限定在浅海海域。海草主要分布于温带和热带的海岸地区，大面积连片的海草称为海草床。

海草床生态系统是海草与周围环境形成的一种独特的近海岸生态系统，是许多大型海洋生物甚至哺乳动物赖以生存的栖息地。海草床生态系统为地球生物圈提供了重要的生态服务功能，对缓解全球气候变暖、改善近海渔业和监测近岸生态健康等具有一定作用。

在人类活动的影响下，全球的海草床生态系统都遭受着不同程度的破坏。自 1980 年以来，超过 17 万 km^2 的海草床消失，占全球已知海草床面积的 1/3。随着海草床的消退，海草床生态系统的鱼类、鸟类和其他海洋生物都将减少，甚至消失。

上升流生态系统。上升流将较冷且高营养盐的下层海水带到海洋表层，主要位于大洋的东边界，如摩洛哥海岸、非洲西南海岸、加利福尼亚海岸和秘鲁海岸等。上升流海域的水温较低，盐度较高，洋流速度较缓慢，浮游植物和浮游动物较多，鱼类大量繁殖。上升流生态系统的主要特点是食物链短、物质循环快以及能量转换效率高。食物链是指各种生物通过吃与被吃的关系，彼此联系起来的营养关系。

深海生态系统。深海生态系统位于大洋超过 1 000 m 的深处，那里缺乏阳光，温度偏低，压强较大。深海中没有进行光合作用的植物，没有植食性动物，只有碎食性动物、肉食性动物、异养微生物和少量滤食性动物。深海生态系统的生物种类少，生物量低，只有与大陆架相毗邻的深海和深海海底，生物数量才丰富。深海是地球上最大的生物区域，但是，人类对深海的认知极其匮乏，深海的精细调查不超过其总面积的5%。

海底热泉生态系统。海底热泉是指海底深处的喷泉，包括白烟囱、黑烟囱和黄烟囱等，烟囱的颜色取决于喷发物所含矿物质。海底热泉是地壳活动在海底反映出来的现象，广泛分布在地壳张裂或薄弱的地方，如大洋中脊、海底断裂带和海底火山附近。

海底热泉的温度高、压强大、黑暗、缺氧，环境极端恶劣，却生活着丰富多样的深海生物群落。这些生物维持生命所需的最初能源，不是依靠阳光的光合作用，而是热泉喷出的硫化物。硫细菌能够氧化硫化物获取能量，是热泉生态系统的主要生产者，其他热泉生物直接或间接以硫细菌为食。许多科学家认为，生命起源于海底热泉，主要依据以下事实：热泉环境与地球早期相似；热泉环境能避免天体撞击和紫外线的影响；热泉喷出了生物所需的能量和原料；热泉生物基因序列接近地球原始生物。生命起源于哪里，科学界仍存在争议，但目前海底热泉学说的证据最为充分。

珊瑚礁、红树林、海草床等近岸海洋生态系统为我国经济和社会发展提供了各种各样的资源，生态服务价值巨大。然而，各类污染、大规模围海造地，外来物种入侵等导致我国滨海湿地大量丧失，渤海滨海平原地区海水入侵和土壤盐渍化严重，沙质海岸和粉沙淤泥质海岸侵蚀范围扩大，局部地区侵蚀速度加快，近岸海洋生态系统严重退化。2012年，处于健康、亚健康和不健康状态的海洋生态系统分别占19%、71%和10%，也就是说，有81%的海洋生态系统处于亚健康和不健康状态。

第六章

海洋生境修复

随着科学技术的进步,人类对自然界的影响越来越大,海洋生态系统的退化问题日益严重,如环境污染、植被破坏、湿地退化、生物多样性丧失等,已威胁到海岸带地区经济的可持续发展,海洋生态修复成为国际生态修复领域的热点之一。沿海国家纷纷展开了海洋生态修复的相关研究和实践,当前在海洋生态修复理论和实践方面走在前列的是欧洲和北美,尤其是美国,在理论、实践以及立法等方面,都发展得较为成熟,在宾夕法尼亚州、墨西哥湾、佛罗里达州、得克萨斯州等都开展了大规模的海洋生态修复工程。此外,美国还颁布了一系列的海洋生态修复的相关法律法案,如《切萨皮克洁净水和生态系统修复法》及《旧金山湾修复法案》等。

我国是世界上海洋生态系统退化最严重的国家之一。近年来,海洋生态系统的生态修复逐渐受到重视,沿海各地纷纷开展了海洋生态修复的研究与实践。综观国内外海洋生态修复的研究概况可看出,大尺度的区域性生态修复的研究日益受到关注,虽然目前我国沿海各地都开展了海洋生态修复的相关研究和实践,但与国际相比,我国的海洋生态修复研究还存在一定的差距,主要表现在以下两个方面:从生态恢复的内容而言,我国海洋生态修复的研究主要集中于生态修复技术而对于修复后的监测、成效评估等关注较少;在研究对象上,多集中于红树林的生态修复研究上,而对于其他海洋生态系统的修复研究还不够充分。

一般情况下，人们将海洋环境分为水层区和海底区两个主要部分，前者又分为浅海和大洋区，后者又分为海岸和海底两部分。从海岸至深海海底，各生物区中都栖息着在生理和形态上与之相适应的生物类群，生活在水层区的生物分为浮游生物和游泳生物，近年来海面上也出现了漂浮生物；生活在海底区的生物称为底栖生物。这些海洋生物栖息的生境(Habitat)一旦受到污染和破坏，生境中的海洋生物的生存随之受到影响。本章主要围绕海洋生境修复方法与技术展开讨论，主要内容包括海洋石油污染区修复、水体及底泥富营养化修复、海洋塑料垃圾和微塑料污染防控、海岸工程生态恢复、沙滩修复。

第一节　海洋石油污染区修复

一、海洋石油污染的危害

石油进入海洋环境中主要以漂浮在海面的油膜、溶解分散(包括溶解态和乳化态)、凝聚态残余物(包括海面漂浮的焦油球以及在沉积物中的残余物)三种形式存在，这三种形式的石油污染物在海水中发挥不同作用，或单独或联合对生态和社会产生一定影响。

(一)海洋石油污染影响

海洋生态系统，海洋石油污染发生后，大量石油漂浮海面形成薄膜，遮蔽光照影响海洋植物光合作用、阻碍海气正常交换，再加上石油有机组分分解耗氧导致海水中溶解氧含量降低，进而影响海洋动物呼吸甚至致死。石油对羽毛的涂敷作用导致鸟类飞行能力受阻，当溢油发生在海鸟索饵和繁殖季节可造成海鸟大量死亡。溶解于海水中的毒性组分如一些芳香烃会对海洋生物产生直接危害并在生物体内大量积累、引发海洋生物中毒，尤其是海上溢油等大量石油泄漏造成的急性中毒突发事件。石油中的重质组分沉入海底后会对底栖生物造成危害。此外，石油经过与海水中有机物的相互作用，可能给一些赤潮生物的繁衍提供营养，可见石油污染在某种程度上可成为诱发赤潮形成的重要因素，如

1989年河北省黄骅市沿海裸甲藻赤潮发生的一个重要原因就是附近海域的石油污染。目前一般认为,在营养盐和光照等理化因子均适宜的条件下,低浓度石油烃污染物可导致某些种类浮游植物的大量繁殖,从而可能诱发赤潮。

(二)海洋石油污染影响涉海行业

受洋流和海浪影响,海洋中的石油极易聚积岸边,污染海滩和近岸水域,浮油漂上海岸后堆积于海滩,或黏附于岩岸上,或渗入沙石中,这样就会破坏旅游资源、影响滨海旅游业。海洋中的石油污染物易附着在渔船网具上加大清洗难度、降低网具效率和增加捕捞成本。石油污染的海水对于海滩晒盐厂和海水淡化厂等以海水为原材料的涉海企业而言必然大幅增加其成本。

(三)海洋石油污染经食物链危害人体健康

石油污染物在环境中通过多种途径直接或间接地对人类健康产生危害。例如,人类短期内吸入各种石油蒸馏物或误食涂敷石油的海洋生物可能发生一系列中毒症状。同时石油中的持久性有机污染物等组分,还会通过食物链的富集作用,最终对人体健康造成严重危害。

二、海洋石油污染修复

石油进入海洋后,在海面迅速进行物理扩散,因海流、潮汐和风力等影响在海面上形成面积和厚度不等的块状和条带油膜,同时发生蒸发、氧化和溶解过程,石油在波浪、潮沙和海流尤其是涡流作用下发生乳化。通过上述一系列过程,一部分石油蒸发进入大气,一部分凝结、吸附在悬浮物表面沉降于海底沉积物中,大部分在微生物的作用下进行降解。因此,石油污染物进入海水后,可通过物理的、化学的和生物的过程去除。但是,溢油事故造成大量石油进入海洋后依靠海水的自净过程还是相当缓慢的。为避免造成上述危害,需要采取有效措施治理石油污染。

目前,人们已经开发出多种用以处理海洋石油污染的方法,包括利用工程机械对石油进行围堵,防止其进一步扩散,采用吸油材料回收溢油,向海洋中投加化学试剂加速石油降解,甚至是利用最新的生物技术改造微生物进行石油去除等。需要特别注意的一点是，如果处理方法使用不当可能会造成对生态环境的二次损伤，例如使用大型工程机械清除石油可能会破坏海岸线，向海洋中投加化学试剂存在污染海洋的危险。因此，在选择防治方案时，一定要根据不同处理方法的优缺点，针对事故的具体情况选择对环境冲击最小、最优化的去除方案，避免治污的同时破坏环境。在实际使用的过程中往往需要多种方法的搭配使用，以实现最好的去除效果。

（一）物理方法

物理方法主要用于海滩油块的清除、围堵和回收海面上残留的石油。将滩面被油块污染的沙环全部进行清理后运往他处进行处理是目前海滩油块污染修复的最好办法。在海上溢油事故处理中实际应用的物理处理法即为浮油回收。海上浮油收集过程包括回收船、拖船、围油栏、撇油器、输油泵、临时贮存设备等。

1. 围油栏

石油通过各种途径到达海面后，应首先用围栏（管形带状物也称为挡油堤）将其围住阻止其扩散，然后再设法将其回收处理或吸附处理或焚烧处理。围栏要具有滞油性强、随波性好、抗风浪能力强、方便使用、坚韧耐用、易于维修、海洋污损生物不易附着等性能，若是防火围栏则要求有一定的抗焚烧性能。围栏既能防止油污在水平方向上扩散，又能防止原油凝结成的焦油球在海上随波漂流。

石油泄漏到海面后，及时用围栏将污染海域围住，既能阻止溢油在海面扩散，控制海域的污染面积，并且可以增加海面油层的厚度，便于将石油进一步回收或者燃烧。围栏既能防止泄漏的石油在水平方向上的扩散，又能防止泄漏的石油经风化作用凝结成焦油球而在垂直方向上扩散。围油栏主要由浮体、水上部分、水下部分和压载等部分组成。浮体提供浮力，使围油栏漂浮在水中。水上部分起围油的作用，水下部分防止浮油从下部漏出。而压载可以使围油栏直立在水中。

2. 吸附法

采用吸油性能良好的亲油材料来吸附石油类。常见的吸油材料有聚乙烯、聚亚氨酯、聚苯乙烯纤维等人工合成的材料，除此以外，还可使用锯末、麦秆等天热材料。但是，该方法吸油量小，且使用后的吸油材料不能生物降解。

3. 溢油回收器

溢油回收器是指在水面捕集浮油的机械装置。撇油器是在不改变石油的物理化学性质的基础上将石油进行回收的主要收油装置之一，种类多、功能多、适用范围广、收油效果好、抗风等级高，适用于中等以上规模或大面积集中回收溢油。撇油器也叫除油机，是一种吸取水面浮油的专用装置，能够从水表面清除油但不改变油的物化性能。根据其物理学原理、采用结构方式等的不同，可分为堰式撇油器、抽吸式撇油器、黏附式撇油器等。

使用亲油性的吸油材料使溢油被黏在其表面而被吸附回收。吸油材料主要用于靠近海岸和港口的海域处理小规模溢油。过去，使用的吸油材料有稻草、麦秆、草席、干草、纸、锯末、玉米粉、浮石粉和珍珠岩等，这些吸油材料对石油污染具有一定的净化能力，而且对海洋动植物没有损害。目前使用较多的是吸油垫（吸油毡），吸油垫一般是由聚丙烯、聚乙烯和聚苯乙烯等为材料制成的。将吸油垫投放于石油污染的海面上，利用毛细管吸附原理将油吸附于吸油材料中。

4. 移除法

移除法与以上几种方法中作用的对象不同，是针对被污染海域海滩中石油进行处理的方法，即根据底质种类的不同，采取不同的物理方法移除底质上的油污。对于吸附在海滩岩石上的油污，可以采用热水冲洗的方法。对于平坦海滩上的油污，可以采用人工清除表层油污的方法。

（二）化学方法

化学法具有见效快的特点，但使用效果受天气、温度、盐度等影响，有可能产生二次污染，甚至对生物造成更大的伤害，因此使用范围较小，需要考虑使用时间及地点的限制。

1. 在可控条件下直接点燃海面溢油

利用石油能燃烧并且比水轻、能够浮在海水表面上的特点，可以通过燃烧过程清除溢油污染。海上燃烧法并不是任由溢油随意燃烧，而是在人为控制下进行的一种可控的燃烧过程。与传统的使用机械设备回收溢油相比,这种方法操作简单,不需要考虑回收溢油的储存、运输、处理等问题,并且能够在短时间内快速处理掉大规模的石油污染,因而具有一定的优越性。然而,海上燃烧法具有一定的危险性,具有二次污染大气环境的风险,在实际应用过程中很少使用。

此外,这种处理方式的限制因素比较多。比如,如果海况不好,海上风浪较大,海面上的石油则不易点燃;不同类型的石油点燃需要的条件也不尽相同,需要根据具体现场条件决定;而且如果溢油量比较少,形成的油膜比较薄的话,也不容易点燃。一般来讲,需要使用由耐火或耐高温材料制成的防火围油栏将溢油控制起来,增加其厚度以便于溢油点燃,同时防止溢油点燃后四处飘散,发生危险。有科学家研究发现,冰块是非常好的天然屏障,可以有效地实现围油燃烧。在冰区中,通过收油机、撇油器等器械对溢油进行回收具有定的难度,甚至是难以实现的。而冰作为天然屏障,可将大量且足够厚度的油围住,利于有效燃烧,因此,海上燃烧法可能会在冰区有较好的应用。

2. 加入沉降材料使溢油下沉到海底

通过向海中添加沉降材料,使漂浮在海面上的溢油沉降,可以达到清除溢油的目的。沉降材料多种多样,比如向沙子中加入适量的胺,使之变成亲油性,泥状沙,将其洒在漂浮的溢油上就可以在短时间内使浮油结成油块并沉入海底。但是,这种方法并没有真正去除溢油污染,只是将浮在表面的溢油沉入了海底,这些沉入海底的石油会对海底的动植物造成污染,并且这种污染将长期持续。与此同时,沉入海底的石油还有可能再次浮到海面上。因此,这种方法目前极少使用。

3. 向海中喷洒化学试剂

该法主要是利用化学药剂改变溢油的物理性质,以便于溢油的回收处理或者减少污染危害。化学试剂法主要用于处理机械物理方法之后无法再处理的薄油层。此外,在海况恶劣的条件下,无法用机械物理方法处理时,也可作为单独的处理方法。如分散剂可使石油分散成细小油珠分散在海水中,使油珠易于与海水中化学物质进行反应、易于被微生物降解,最终转化成 CO_2 和其他水溶性物质,加速海洋的自净过程;凝油剂可使石油胶凝成黏稠物或坚硬的果冻状物,能有效防止油扩散,利于回收。应该注意的是，有些化学清洗剂和除垢剂能够有效消除石油污染物或抑制石油泛滥，但对海洋生态（包括鸟类）极为有害，其副作用比石油污染泛滥造成的直接经济损失还要大很多。因此，投加化学药物一定要注意其安全性。化学方法与物理方法不同之处在于能改变石油的物理化学性质。化学方法可以直接应用于溢油处理，也可以作为物理方法的后续处理即物理回收后处理，也可进行化学处理后进行物理方法回收如加入凝油剂后回收。

（三）生物方法

除了使用机械设备或向海中喷洒化学试剂来清除溢油外，我们还可以借助“来自自然界的帮手”——海洋微生物对海洋溢油进行有效的治理。早在1969年，科学家们在处理利比亚发生的油轮泄漏事故时，就开始关注微生物对溢油的降解作用。随后到1989年，美国国家环境保护局在“埃克森，瓦尔迪兹号”油轮溢油事故中，利用生物修复技术成功治理了环境污染。研究人员从受污染的海域分离出了能够高效降解石油类物质的微生物，并展开了大量的研究。随后将生物修复技术进行了推广，取得了相当大的成功。在今天，利用微生物进行溢油污染治理的生物治理技术被称为治理溢油污染的“活武器”。

目前已发现的具有海洋石油污染物降解能力的微生物共有200多种，主要包括细菌、酵母菌及霉菌，分属70余属。细菌包括假单胞菌属、弧菌属、不动杆菌属、黄杆菌属、气单胞菌属、无色杆菌属、产碱杆菌属、肠杆菌科、棒杆菌属、节杆菌属、芽孢杆菌属、葡萄球菌属、微球菌属、乳杆菌属、诺卡氏菌属等40个属；酵母菌包括假丝酵母属、红酵母菌属、毕赤氏酵母菌属等；霉菌的种类较前两种少，主要有青霉属、曲霉属、镰孢霉属等。在适宜的海洋环境中，石油降解菌可以通过生物降解，将原油转化为无毒的水和二氧化碳以及生物自身的能量，以达到彻底清除石油的目的。生物处理法可以和其他能够加快生物自然降解的添加剂结合使用，不会对海洋环境产生明显的负面效应，不会引起二次污染。并且该方法与化学、物理方法相比，费用较小，仅为传统物理、化学修复法的30%~50%。值得特别说明的是，对于一些物理、化学方法难以使用或是生态环境极其脆弱的敏感地带（如海水养殖区、旅游区等），生物处理方法具有天然的优势，应用前景广阔。

影响微生物降解石油能力的因素包括石油的理化性质、微生物的种类及环境因素(包括温度、氧含量、营养源及陆源污染物等)三个方面。其一,一般来说,微生物对于不同类型的原油降解能力是不同的,对于液态的、分散的溢油往往具有较好的降解效果。其二,不同种类的微生物降解石油的能力也有所区别。在实际应用过程中,往往采用多种微生物共同进行清污工作,比单一使用一种微生物的效果要明显。目前,科学家们正利用生物工程技术对微生物进行“改造”,从而制造出能够高效清除溢油的“超级石油降解菌”。其三,各种环境因子对微生物的降解能力也起到很大的影响。如温度较高时,微生物的新陈代谢速度会明显加快,微生物大量繁殖,溢油的生物降解速度显著提高;海水中溶解氧的含量越高,溢油分解的速度越快;海水中的营养盐成分较高时,可以为微生物提高营养原料,加快溢油的清除。当出现大规模溢油事故时,溢油形成的油膜往往比较厚,会导致海水中的氧气和营养盐的含量不足,影响微生物的生长与繁殖,微生物降解溢油的净化作用就会受到影响,溢油处理效果大打折扣。一般来说,可采用添加氮、磷营养盐,使用消油剂和接种石油降解菌的方法加快原有海域的自然降解过程,以达到快速清除溢油的目的。消油剂能够改变海面溢油的物理形态,加速溢油分散成小颗粒并溶解于水中的过程。溶解于水中的小颗粒溢油则可以更快地在微生物、光、热等条件下降解、消散。但由于投加的消油剂可能具有毒性,并且易于在环境中积累,因而也存在一定的风险性。而向事故海域引入高效工程菌可能会引起生态和社会问题,不同学者对是否应该投入高效微生物以及高效微生物是否在生物修复中起作用意见不一、分歧较大。科学家们发现,在人为地外加营养元素的条件下,微生物能够十分有效地清除海洋中的溢油,并且不会对海洋生态系统造成危害,不会产生富营养化现象。因此,在溢油海域添加营养盐是加快石油降解的有效方法。

第二节　水体及底泥富营养化修复

一、富营养化污染现状

富营养化是指氮、磷等植物所需的营养物质大量进入湖泊、水库、河口、海湾等水体,引起藻类大量繁殖、水体透明度和溶解氧下降、水质恶化的污染现象。这些营养物质的过量富集会引起藻类及其他浮游生物的迅速生长、繁殖,使水体溶解氧含量下降,造成水生动、植物衰亡,甚至绝迹。

近年来,大量工业、农业废水和生活污水排入海洋,导致近海、港湾富营养化程度日趋严重。近海富营养化是指在人类活动影响下,过量营养盐输入近海,改变海水中的营养盐浓度和组成,影响近海生态系统正常的结构和功能,并损害近海生态系统服务功能和价值的一系列变化过程。营养盐过量输入导致的近海富营养化破坏了水体原有的生态系统的平衡,是驱动近海生态系统变化的重要因素。底层水体缺氧、有害藻华(包括大型藻藻华和微藻藻华)暴发、水母旺发、生境退化等生态系统的异常变化都与近海富营养化问题密切相关。目前,富营养化及其所引发的赤潮和水华,已经成为全球性的污染问题。

二、水体富营养化修复技术

根据富营养化程度不同制定切实可行的污染控制方案是富营养化防治的重要措施之一。

(一)物理修复

物理修复是以实验室中培养的藻类生长测定结果为依据,对于外源性污染采取内源性和外源性防治措施,控制、减弱水体及底泥中的富营养化程度,并对其进行修复。

1. 截污削减外源性污染

国内外湖泊水污染治理的经验表明,截污和污水深度处理是削减污染负荷的有效措施。通过控制氮和磷的排放来防治富营养化,对河口和近岸水域生境有着十分重要的意义。首先要根据海区的自净能力确定城市生活污水、工业污水、畜牧业排水和农田排水的流入量。其次禁用或限用含磷洗涤用品,有效控制地表水中的磷浓度,从而减少排入海洋中的磷元素。最后对入海河流流域中的废水进行进一步处理。

在我国,对于污水处理,国家质检总局 1998 年颁布了《污水综合排放标准》,该标准的实施可对控制水污染,保护江河、湖泊、运河、渠道、水库和海洋等地面水以及地下水水质的良好状态，保障人体健康，维护生态平衡起到一定的效果。

2. 絮凝沉降

该方法主要是利用具有吸附特性的材料，如黏土、活性炭、壳聚糖等，对大量繁殖的藻类进行吸附沉淀。由于物理材料具有天然无毒、操作方便、价格低廉、吸附效果良好等优势，这种方法在淡水水体富营养化的治理中得到了广泛的应用。这种方法的缺点主要是不能杀死浮游藻类，因而不能防止赤潮的再次发生。

3. 曝气复氧

曝气复氧是目前国内外比较常用的修复受污染水体的一种方法。曝气复氧技术是根据水体受到污染后缺氧的特点，人工向水体中充入空气或氧气，加速水体复氧过程，迫使有毒气体逸出，以提高水体的溶解氧水平，恢复和增强水体中好氧微生物的活力，使水体中的污染物质得以净化，从而改善受污染水体的水质，进而恢复水体的生态系统。常用的人工增氧设备包括增氧机、臭氧发生器等。

4. 机械捕捞收获

对于富营养化非常严重、已产生水华的水域，可在短期内用机械捕捞方法收获其中大量的藻类。为了防止残留的植物残骸引发二次污染，在打捞过程中需要对藻体进行彻底清理。这种方法见效很快但需要耗费大量的劳力、财力。随着藻类的生长，往往需要反复地对水体进行清理。鉴于某些藻类自身的特性，打捞过程中的机械扰动可能降低藻类的密度，但也可能促使藻类继续增长。如果大量繁殖的藻类没有商业价值，那么此种方法的成本过高，且无法产生直接的经济效益。在某些特定的环境中，利用自然动力收获藻类可有效地减轻富营养化的危害。国内已有使用该法成功治理淡水富营养化问题的先例。例如，在太湖水域利用自然风能和洋流作用在富营养化水域建造富集藻类的设施，目前已经取得了良好的效果。

5. 浮体控藻

浮体控藻主要是利用一些漂浮在水面上的物理设施（称为浮床）遮

光,以起到控制藻类过量繁殖的效果。浮床通常采用塑料、泡沫板、竹料等材质制成,成本较低。在日本霞浦湖的修复过程中,浮床能够削减94%的浮游植物,起到了良好的效果。但是浮床抗风浪或防腐的能力较差,腐烂破碎后容易造成水体的二次污染。

(二)化学修复

1. 钝化营养盐

为了控制水体中的营养盐浓度,可在入水口处直接添加化学药品或向水体中直接投洒化学药品以钝化沉淀水体中的营养盐(主要是磷)。在处理湖泊富营养化问题时,通常添加碳酸钠过氧水合物、菌多杀铵盐、铝盐(明矾、氯酸钠)、铁盐、石灰等使磷沉积到水底,减少磷的释放和营养盐循环。但在实际应用中,这些化学药品对富营养化的控制均不成功;且从生态毒理学角度看,使用化学药品对生态系统具有潜在威胁。

2. 化学除藻

化学除藻是用化学药品(如硫酸铜和其他除藻剂)控制富营养化水域的藻类的方法。化学除藻剂一般可分为氧化型和非氧化型两大类。非氧化型主要为无机金属化合物及重金属抑制剂,如铜、汞、锡、有机硫、有机氯、铜化合物和整合铜类物质等;氧化剂主要为卤素及其化合物、臭氧、高锰酸钾等。

化学药品可以快速杀死藻类。但死亡的藻类所产生的二次污染及化学药品的生物富集和放大作用对整个生态系统也会产生很大的负面影响。此外,长期使用低浓度的化学药物还会使藻类产生抗药性。因此,除非在应急处理中,或得到特别的安全许可的情况下,一般不建议采用化学除藻法。

(三)生物修复

作为营养盐控制的一种替代技术,生物调控是通过重建生物群落以得到一个有利的响应,常用于减少藻类生物量,保持水质清澈并提高生物多样性。但在生物修复过程中,水生动物、大型海藻等生物修复过程并非是相互孤立进行的,上行效应和下行效应往往相伴出现,且生态系统中复杂的系统结构和非线性过程难于控制,所以在运用生物修复技术对富营养化水体的治理过程中,也要考虑到物种间的相互影响及生态安全。

1. 以水生动物为主的生物调控

利用水生动物来净化富营养化水体,主要是通过放养滤食性和噬藻体的鱼类、浮游动物或其他生物来减少藻类等浮游植物对水体造成的危害。从群落水平上看,部分植食性浮游动物和滤食性的鱼类能把富营养化水域的藻类生物量控制在极低的水平,从而限制浮游植物的过量增长,改良水质。通常情况下,海胆、鲍、蚌等可作为修复生物来养殖以降低底泥中的富营养化程度。同时,在切斯皮克湾的修复实验证明了养殖牡蛎也是一种理想的修复手段。

需要注意的是,在以水生生物为主的生物调控过程中,所饲养的生物量不能超过水体的养殖容量和环境容量。

2. 以大型海藻为主的生物调控

在近海海域栽培大型海藻,是一种对环境进行原位修复的有效手段。大型海藻具有很高的营养盐吸收速率、光合作用速率和生长速率。大型海藻在生长过程中,可通过光合作用吸收利用海水中的无机碳、氮、磷等元素,对富营养化水域中的大量氮、磷起到过滤的作用。人工栽培海藻易形成规模,且易于收获,快速生长的同时能从周围环境中大量吸收 Pb、Au、Cd、Zn、Co、Cu、Ni、As、Fe、Mn 等重金属,放出氧气,调节水体 pH 值,并在水生生态系统的碳循环中发挥重要作用。

在富营养化水域,盐度、温度、光照、溶解性无机碳和溶解氧等环境条件通常具有很大的波动性,而大型海藻对此具有较强的耐受能力,是修复富营养化水域的理想生物。

按照理论上大型海藻组织中氮、磷的含量可推算出海藻转移水体中氮、磷的能力。经济价值较高的大型海藻,如江篱属、紫菜属、海带属、石莼属、墨角藻属、麒麟菜属海藻可充当海洋生态系统的修复者。浒苔属的海藻对富营养化水体的生态修复也有一定的效果。

目前,已有大量研究证实,在富营养化海区和养殖海区栽培大型海藻,可达到环境、生态、经济等诸效益相互协调统一的良好效果。大型海藻的生命周期较长,在同一片污染海域中,根据季节变化和不同海藻的生活习性交替种植,可以大大降低水域中的营养物质含量,具有良好的环境效益。此外，人工栽培海藻广泛用于食品加工业中，且藻体还可作为制造化妆品和药物的原料，并可被加工成牲畜饲料或生物肥料。大型海藻可以降低水域内的生态足迹，提高物质和能量利用效率，提高生物多样性，增强生态系统的功能。因此，这种生物修复的方法是切实可行的。

（1）龙须菜（*Gracilaria lemaneaformis*）。龙须菜可进行大规模的生产养殖，是提取琼胶的重要原料之一。龙须菜可以大面积减轻养殖污水对海区的污染，防止水体富营养化，并在一定程度上抑制微藻的生长，对抑制赤潮发生有积极作用。在富营养化的近海海域养殖龙须菜可起到良好的修复效果。通常将龙须菜吊养于竹架或绳架上，苗绳上每隔10~20 cm夹一簇10 g的龙须菜，初始养殖密度为750 kg/hm。

修复过程中需在修复区内潮流方向上的内侧非修复区、生物修复区、外侧非修复区布设定点监测站位，在与潮流垂直和平行的方向上均布设监测断面。检测指标包括温度、透明度、盐度、pH值、溶解氧（DO）、DO饱和度、氨氮、亚硝酸氮、硝酸氮、无机磷、叶绿素a。

在海区内的实验研究表明，龙须菜修复区的DO浓度明显高于非修复区，无机氮、无机磷、叶绿素a浓度低于非修复区。养殖污水流经龙须菜养殖区后，无机氮、无机磷得到有效的吸收，DO浓度得到提高。

龙须菜的生长率在一定范围内会随营养盐的增加而增大。一般而言，工厂化海水鱼类养殖排放的养殖废水中溶解态无机氮和溶解态无机磷的浓度分别在75 mol/L和15 pmol/L以下，此含量的营养盐不会抑制龙须菜的生长。因此在富营养化海域通过种植龙须菜来进行生态修复，既可以获得较高的经济收益，又可以达到良好的修复、净化效果。

（2）真江蓠（*Gracilaria verrucosa*）。真江蓠是提取琼胶的重要原料。其藻体紫褐色，有时略带绿色或黄色；直立；单生或丛生；高通常30~50 cm，最高可达2 m。真江蓠具有小盘状固着器，多生长在潮间带至潮下带上部的岩礁、石砾、贝壳以及木料和竹材上。真江蓠在我国北起辽宁，南至广东、广西沿海均有分布。

经研究发现，除真江蓠外，细基江蓠繁枝变种（*Gracilaria tenuistipitata* var. *liui* Zhang et Xia）、菊花心江蓠（*Gracilaria lichevoides*）等对养殖区的富营养化海水也具有较好的修复效果。以江蓠与大麻哈鱼共养为例发现，江蓠可去除鱼类养殖过程中排放到环境中可溶性铵的50%~95%。

富营养化海区内江蓠的养殖模式有浮筏和网箱两种。

浮筏养殖。将新鲜真江蓠苗种平铺式装入孔径为0.5 cm、规格为0.5 m×10.0 m的聚乙烯网袋中,每个网袋装真江蓠苗种10 kg。网袋口用聚乙烯绳缝合,将网袋长边悬挂在250 m长的缆绳上,每条缆绳悬挂5~6个,相邻缆绳上的网袋间隔排挂。缆绳两端用竹桩固定,中央部分用5~6个浮子等距离支撑。通过在缆绳上悬挂重物,调整网袋位置为水面以下1~2 m。

网箱养殖。在饲养鱼类的网箱中,用粗绳夹苗的方式养殖真江蓠。苗绳大约每隔15 cm夹一簇10 g左右的真江蓠,两端系在网箱内相对的两侧,并使真江蓠完全浸没于海绵之下0.2~0.5 m。苗绳间距0.4~0.5 m。每个网箱悬挂6条苗绳。

(3)孔石莼(*Ulva lactuca*)。孔石莼藻体呈片状,近似卵形的叶片体由两层细胞构成,高10~40 cm,鲜绿色,基部以固着器固着于海湾内中、低潮带的岩石上。孔石莼广泛分布于西太平洋沿岸海域,在我国辽宁、河北、山东和江苏省沿海均有分布。

实验证明,在实验室静态净化实验中,孔石莼能同时吸收富营养化水体中的氮、磷,尤其是对氮气具有极强的吸收能力。在养殖水体中,还具有净水和节能的综合效果。此外收获后的孔石莼可作为鲍鱼饵料。

3. 以水生高等植物为主的生物调控

以水生高等植物为主的生物调控方法也是防治水体富营养化的有效措施。高等植物和藻类在光能和营养物质上是竞争者。大量修复实验的检测结果显示,水生高等植物群落稳定性较高,而且能够有效净化重富营养化水体,对过量繁殖的藻类也有明显的抑制作用,可取得很好的成效。

此方法的主要优势在于以下几点:净化环境所需要的能源由植物的光合作用提供;许多植物能改善生态景观,具有美学价值;植物体在富集营养盐后可被收割,部分植物具有经济价值;植物体本身可作为环境污染程度的指示生物;植物的根系能圈定底泥中的污染区,防止污染源进一步扩散;植物能为相关微生物提供良好的生存条件。

4. 水生动植物组合的生物调控

利用大型海藻进行修复时,常常通过与双壳贝类混养的方式来控制水体中藻类的密度，改善水质，最终消除富营养化。

（1）麒麟菜与沟纹巴非蛤组合：可通过混合养殖热带、亚热带类型双壳贝类沟纹巴非蛤（*Paphia exarata* Philippi）和热带大型海藻异枝麒麟菜（*Eucheuma muricatum*）来进行水体生态修复。二者最佳混养组合为麒麟菜养殖量 6 kg/m^3、沟纹巴非蛤养殖量 60 只 /m^3。

（2）鱼、藻、沙蚕组合：该法已在实验生态条件下取得良好的效果。卢光明等以菊花心江蓠、双齿围沙蚕（*Perinereis aibuhitensis*）和黑鲷（*Sparus macrocephlus*）为试验动物，在浙江省三门湾蛇蟠岛上的四期围垦养殖池塘内分别对单养鱼、鱼 + 藻、鱼 + 藻 + 沙蚕以及鱼 + 沙蚕 4 种不同养殖模式系统中水体及沉积物中的氮、磷等进行了跟踪监测，分析其环境效应。

在总面积为 6 666.7 m^2 的养殖池塘内设置陆基围隔，围隔中设置长 15 m、宽 10 m、高 1.5 m 的网箱。每个箱子内放养黑鲷鱼苗 200 尾。菊花江蓠分别采用绳筏和网箱的方式，放置于养鱼网箱的上、下通风处养殖；养殖密度为 1.5 kg/m^2。沙蚕每亩放养 1.5 kg，将其均匀地播撒在围隔内。

在实验过程中，对于各处理围隔内的理化指标进行定点跟踪测定，水化项目每周监测一次，沉积物每 10 天监测一次。水化监测项目主要包括水体温度、pH 值、DO 饱和度、COD、氨氮、亚硝酸氮、硝酸氮、总无机氢、无机磷、总氮、总磷等，沉积物中主要监测总氮、总磷、无机磷。

实验证明，养殖菊花心江蓠 1.5 kg/m^2、双齿围沙蚕 22.5 kg/hm^2 的密度下，能够对水体及沉积物起到较好的净化效果，并且能够有效提高黑鲷的收获规格及产量；其中菊花心江蓠的主要作用在于对水体中溶解态无机氨和溶解态无机磷的净化，双齿围沙蚕的主要作用在于去除沉积物的氮、磷污染物。综合考虑，鱼 + 藻 + 沙蚕的模式具有最佳的环境效益、产量效益和综合效益。

5. 以微生物为主的生物调控

生物修复的基础是自然界中微生物对污染物的生物代谢作用。微生物修复富营养化水体的原理是利用微生物分解有机物的过程将水体中的污染物经过厌氧或好氧代谢，转化为无害物质，如二氧化碳、硝酸盐等；同时有效地降低水体 COD 和 BOD 值，改善水质。另外，一些微生物释放酶或抗生素，作用于富有藻类，可以使得藻类裂解，从而达到抑制藻类水华和赤潮的效果。

修复菌种选取的主要标准为菌群的生物学、遗传学特性稳定，对于水体中的生物无毒无害。此外，微生物需要有较快的生长速率，适合大规模培养，并且能够长时间保藏。菌株还需要具有较强的抗逆性，适应各种水质环境。常见的修复菌种有光合细菌和海洋酵母。

光合细菌是研究最早、应用最广泛的微生态制剂菌群，在淡水养殖领域应用较广，在海洋生境的修复中的应用目前研究较少。光合细菌在生长繁殖过程中能利用有机酸、氨、硫化氢、烷烃以及低分子有机物作为碳源，和供氢体进行光合作用，提高水体的溶氧量，保持水质。同时，部分菌种在防治虾病、促进虾类生长等方面也表现出了良好性能。常用的菌种有球形红假单胞菌、芽孢杆菌、硝化细菌、海洋噬菌蛭弧、双歧杆菌、鞘氨醇单胞菌属等。

海洋酵母在水质调节中也能起到良好的效果。它可以有效分解水体中的糖类，迅速降低生物耗氧量。并且，酵母作为一种单细胞生物，含有较高的蛋白质、维生素，可作为鱼虾等经济生物的饵料添加剂，提高水产养殖产量。

以微生物为主的调控方法的主要优点在于其在降解水体中的有害物质的同时，能够促进养殖水体中微生态的平衡。虽然微生物在水产养殖上有较为广泛的应用，但是利用微生物，尤其是病毒和细菌，来控制水体富营养化的做法可能会引起水体的二次污染，修复的长期效果仍有待深入研究，一般在应用生物修复技术引入菌种之前，应先进行风险评估。

三、底泥富营养化修复技术

（一）物理修复

1. 底泥覆盖

底泥覆盖属于原位修复技术，是在富营养化底泥上方铺设一层或多层覆盖物，将其与底栖生物、湖泊水体物理性地隔离开来，阻隔沉积物中的营养盐和上覆水的接触与物质交流，阻止沉积物向上覆水迁移和扩散的方法。通常情况下，覆盖物主要是未受污染的底泥、河流石沙、砾石、劣质黏土或塑料薄膜、颗粒材料等一些人造复合材料。覆盖层的厚度大约为 0.1 m。

这种修复技术操作简便，成本较低廉，所以应用较广泛。目前在湖泊、河口、近海等多种生态系统中均有应用。但是，物理覆盖后，湖泊水深也会随之降低，这将改变水生植物和底栖生物的生活环境，对底栖生态系统具有不可避免的破坏性，且该技术在悬浮污泥较多的水域不太适用。此外，有些覆盖物还可能存在二次污染的风险。所以，覆盖底泥对生态系统的破坏效应可能要高于它对营养盐释放的抑制作用。

2. 底泥疏浚

对富营养化的底泥进行清淤并灌入相对清洁的水以恢复原水位是目前常用的方法。在处理过程中，需要将底泥全部移除、进行冲洗，待将底泥浸泡几天后，重新注回。

在清淤结束后的短时间内效果明显，但一段时间后随温度、光照等气候条件变化，修复效果会出现反弹。底泥清游方法的处理费用很高，且技术难度较大。这种方法虽然能大幅度降低底泥中的有机物含量，但是无法彻底解决养殖水体中由于饵料、代谢物等有机物污染所造成的富营养化问题。大规模的底泥清淤将会破坏生态系统原有的生物种群结构及其生境，削弱生态系统的自净功能。此外，影响清淤结果的因素也较多，有时不能达到预期的效果。

3. 底泥曝气

正常条件下曝气复氧可以控制比较封闭水体底泥氨氮的释放。曝气条件下温度对底泥氨氮和总氮的释放影响较大。温度越高，抑制氨氮和总氮的释放效果越好；而低温会导致底泥氨氮和总氮的大量释放。除此之外，曝气条件下搅动底泥会导致更多氨氮和总氮的释放。

（二）化学修复

化学修复主要是指化学覆盖作用。化学覆盖技术也是在沉积物表面铺设一层覆盖物，并通过覆盖物与沉积物发生化学反应而封闭、抑制营养盐的扩散。其覆盖层的厚度相对较薄，一般为 2~5 mm。常用的覆盖物包括方解石等矿物，硫酸铝、明矾、改性金属钢等材料，铝镁、硝酸盐等盐类改性沸石。

总体而言，化学覆盖物的成本较低，操作工艺简单，可与沉积物发生积极的反应、具有物理和化学稳定性、对生态环境影响较小、不会产生二次污染、水力传导性好等优势。国外对此也有较多报道和应用。

（三）生物修复

对于富营养化的底泥，往往利用快速繁殖的多毛类来消除养殖池底的污染。常用的多毛类生物包括小头虫（*Capitlla* sp.）、日本刺沙蚕（*Neanthes japonica*）、双齿围沙蚕、多齿围沙蚕（*Perinereis nuntia*）等。

多毛类在沉积物中往往占有很大的密度，且在摄食过程中会大量摄取沉积物，每日处理沉积物的质量不小于其自身的体重（干重），因此可以通过它们的生命活动，包括钻透、掘穴、爬行、蠕动和呼吸等，影响周围的沉积物结构，改变沉积物的物理、化学性质，对海洋生态环境进行修复。在此过程中，污染物会被传递和重新分布，一部分也会被多毛类等摄食，这个传输和再循环过程会使沉积物中的一部分污染物被吸收利用和分散传递，使其重新进入再循环过程中。在存在大量残饵、虾蟹等养殖生物的粪便、其他生物尸体和有机碎屑的水体中，多毛类动物往往能起到良好的修复效果。除外，在养殖池塘还可兼养一些定生藻以改善水环境。

第三节　海洋塑料垃圾和微塑料污染防控

自20世纪50年代以来塑料制品得到了广泛应用，又因塑料制品不易完全降解废弃后成为垃圾进入环境而大量存在。涉海行业如海洋渔业生产活动将塑料制品带入海洋最终成为海洋塑料垃圾，陆源塑料垃圾在入海河流、地表径流、风力作用等外界驱动作用下进入海洋环境，这些塑料垃圾通过海流和风的输运进入海洋环流；或随洋流长距离输送进入大洋环流和深海海底。据报道，全球每年生产塑料超过3亿t，其中约有10%通过河流输入等方式进入海洋。在海洋中，因海浪冲蚀、海水浸泡、阳光照射和生物降解等因素作用，海洋塑料垃圾逐渐被分解成小碎片、薄膜、纤维或颗粒等形式的微塑料残留在海水和沉积物中。

微塑料是指直接被生产成微观大小的、用于塑料生产或其他应用的塑料,如树脂颗粒、喷沙、个人护理品中添加的微珠等;“次生”微塑料是指由大型塑料裂解产生的微塑料,主要受环境、生物或人为等作用而形成。微塑料作为一种新型的环境污染物,与传统分子污染物不同的是,环境中微塑料是一种成分较为复杂的有机高分子聚合物,并以颗粒态物质存在于环境介质中,具有聚合物类型多样、形态各异、粒径小(毫米或微米级)等特点。为了科学地开展微塑料研究,需要找到合适的采样、获取分析等途径或方法。目前有关微塑料研究的方法,国际上取得了一些进展,包括微塑料采样、获得、鉴定及分析方法等;其中,如何快速高效地分离、鉴定环境中微塑料成为方法学的研究热点。在环境中微塑料的分离方面,通过装置的设计和搭建、试剂的选择等进行快速、高效的分离实验,并探索傅里叶红外显微镜、拉曼扫描电子显微镜、原子力显微镜、裂解气相色谱-质谱分析等一系列先进的微技术手段,分析鉴定微塑料。目前,原位自动监测、快速扫描等技术及有关环境中亚微米甚至纳米级微塑料样品的获得方法也成为研究热点。

微塑料的调查研究包括水体、沉积物、大气、生物等不同环境介质中的调查,形成了陆-海-气-生物环境微塑料调查研究体系。有关土壤沉积物、水体和生物已有较多的研究。土壤沉积物的调查包括从陆地海岸带土壤到深海底泥,从表层到剖面深层,从空间分布到随时间的变化等;水体的调查包括从内陆湖泊到近海再到大洋、极地,从表面到不同深度的水层,从空间到时间的不同尺度变化等;生物的调查包括从浮游或底栖生物到大型哺乳动物,从水生动物到陆生动物甚至人体等不同种类、不同区域生物的调查。调查研究的主要目的在于获得环境中微塑料的存在状况及时空差异变化,以及微塑料作为载体功能与环境污染物的复合污染规律。

一、海洋和海岸环境微塑料污染的环境损害

环境风险塑料垃圾是一个值得关注的环境问题。尽管我国水体中的塑料污染比较严重,但目前关于塑料(尤其是微塑料)污染对于环境的风险,其科学上的认知和理解还相当有限,无法满足为微塑料污染的环境和生态风险制定可靠科学指导的要求。要评估微塑料的环境风险,必须正确地量化暴露和效应。因此需要更好地了解微塑料的性质及其

环境归宿、与各种生物受体的相互作用、微塑料及其携带污染物沿食物链积累的潜力，以及导致潜在影响的毒性作用机制等，这将是一个长期的研究过程。

（一）海洋和海岸环境微塑料污染的环境损害

微塑料尺寸较小，不像大塑料碎片一样能够危及沿海野生动物，干扰导航、旅游和商业性渔业，影响人们的滨海休闲资源或商业性使用资源。当前微塑料的相关研究也几乎不涉及微塑料对海岸带物理环境的影响。作为海洋和海岸带的一种新型污染物，目前世界各国有关海洋水体、沉积物及滨海旅游区等环境质量标准，天然海洋渔业资源及商业性水产品的健康卫生标准中都缺乏对微塑料含量要求的评价。但是存在于海岸带中上层水体及底层的微塑料会影响浮游植物的光合作用，这些微塑料颗粒一旦被滤食性海洋生物或食碎屑的底栖生物摄食，会对其造成多种物理性及生理性损害。不仅如此，微塑料本身的添加剂及其吸附于微塑料表面的疏水性有机污染物、金属和定居的有害微生物对海岸带生物资源与相关生态系统的影响也是难以低估的。因此，作为一种备受关注的有潜在生态风险的污染物，微塑料颗粒应被逐步纳入海岸带和海洋环境的现有污染物评价体系，并针对其特殊性开展一系列微塑料对海洋和海岸带环境损害的评价方法、程序等方面的研究。

已有研究证实微塑料能够对双壳纲生物产生生物学效应，但我们对双壳纲为主的栖息地生物多样性和生态系统功能的影响尚不清楚。有研究者将含有欧洲牡蛎（*Ostrea edulis*）或贻贝（*Mytilus edulis*）的完整沉积物岩心暴露于含有两种不同浓度（2.5 g/L 或 25 μg /L）的可生物降解或常规微塑料的室外模拟生态系统（中宇宙）环境中，考察微塑料对双壳纲的滤食速率、无机氮循环、底栖微藻的初级生产力及无脊椎底栖动物群落结构的影响。50 天后，暴露于 25 μg/L 两种微塑料的贻贝滤食速率显著降低，但对生态系统功能和无脊椎底栖动物的群落结构没有效应。相反，暴露于 2.5 μg/L 或 25 g/L 微塑料的欧洲牡蛎滤食速率显著增加，且孔隙水中的氮浓度和底栖蓝藻的生物量降低。此外，无脊椎底栖动物的群落结构有变化，多毛纲生物数量显著降低、寡毛纲生物数量显著增加。这些结果突出了微塑料对沉积生境功能和结构的潜在影响，并表明这种影响可能依赖于占优势的双壳纲动物。

（二）海洋和海岸环境微塑料污染的生态与健康风险

在过去60年中，塑料生产量在世界范围内急剧增加，严重威胁海洋环境。塑料污染是普遍存在的，但对浮动塑料的全球丰度和质量的定量估计仍然有限特别是对于南半球和更偏远的地区。一些大型的塑料碎片会聚区域已经被识别，但是迫切需要标准化的方法来测量海水及沉积物中塑料的质量。对于尺寸上小于5 mm的微塑料，其对海洋及海岸带生物与生态系统的影响要比大型塑料深远得多，然而当前的研究多片面地关注塑料碎片对海洋生物的半致死效应，以及微塑料及其携带污染物对海洋生物个体的生物学影响和毒性效应，而从生态系统角度开展的微塑料风险和影响的研究还很少。因此，今后的研究应将整个底层生物组成的碎片效应与群体和种群联系起来，从生态系统的组成上来开展研究。

根据当前的文献研究，环境中存在的塑料碎片（尤其是小于5 mm的微塑料）对海洋和海岸带生态系统与人类健康的潜在风险主要体现在两个方面，一个是微塑料及其携带化学物质通过食物链的生物积累和传递对生态系统与人类健康造成的影响，另一个是塑料表层定居的“搭便车”微生物的影响，广泛存在的微塑料会因为摄食进入生物体内并引起一系列生物学效应，而且微塑料生产过程中的添加剂及携带的化学物质，如PAH、PCB和痕量金属等，能够随着微塑料转移进入海洋生物体内并迁移至其组织和器官。虽然目前的研究对这些污染物的急性毒性、联合效应机制及其长期的生态学效应还未做出定论，但是并不能排除微塑料及其相关污染物随食物链在营养级间传递和积累，给海洋生物带来毒性效应，进而改变海洋及海岸带生态系统的组成，并影响其生态功能的发挥的可能性。而且这方面的工作已经开始开展，例如，研究证明，暴露于高剂量的聚乳酸（PLA）或HDPE塑料微粒中，有植被的牡蛎生境中大型动物群体的结构、多样性、丰度和生物量可能发生改变。另外，微塑料也在很多具有商业价值并且被人类整体使用的海洋生物中被发现，如野外捕获的棕色虾和各种鱼类，以及养殖的双壳类。这些商业性海洋生物一旦摄入了环境中的微塑料，微塑料及其携带化学物质就会通过食物链实现生物积累或放大，最终必然会使消费这些渔业资源的人群暴露于这些污染物中，增加人类的健康风险。

另外，塑料碎片或微塑料可以长期存在于海洋与海岸带环境中，塑料的表面可以提供能够支持多种不同微生物的保护性生态位,塑料的浮力和持久性有助于那些与其表面相关的“搭便车”微生物的生存及长途运输。因此,海洋环境中的塑料碎片就可能作为外来生物物种的载体,对新环境中土著物种构成威胁,改变当地生境生态系统。尤其是研究已经证实,这种被称为“塑料圈”(plastisphere)的生境可以作为病原体、类便指示生物(Fecal Indicator Organism, FIO)和有害藻华(Harmful Algal Bloom, HAB)在海滩与沐浴环境中的存留及传播的重要载体。海滩和沿海环境每年吸引数千万的游览者和滨海运动者,已经形成了世界上最具生态和社会经济意义的重要栖息地。随着塑料碎片越来越广泛地存在于沉积物、沙滩和近海环境中,这里便成了 FIO 和病原体等有害微生物潜在的未知储层。沿海地区滞留或漂移的塑料碎片(大块和毫米级以下)的丰度预计随着海平面、风速、波浪高度及降雨条件的改变而增加,这可能会导致人类更多地暴露于这些塑料碎片中。虽然目前还不了解微生物,特别是病原体在污水中“搭便车”定居于微塑料颗粒上,并到达海滩和周围环境这一途径的机制,但是可以将暂时非常有限的信息用于评估微生物病原体和 FIO,在塑料碎片上的存在是否对人类健康构成真实的风险,进而进一步建立对生态系统尤其是人类健康的多尺度效应的风险评估。在这些领域中有针对性的研究可能会产生重大的社会影响,如可以为海滩安全卫生管理提供科学证据,制定相关卫生标准,从而保证公众健康。

为进行环境中微塑料的生态风险评估,必须正确地量化暴露和效应。然而上述这些潜在的影响及生态健康风险大多仍是推论和预测,并没有充足可靠的科学研究证据予以支持。因此,根据当前微塑料相关的研究和理解,今后的工作迫切地需要了解以下几个主题内容:量化微塑料的环境暴露、微塑料的性质及其环境归宿、与生物受体的相互作用,以及导致潜在负面影响的毒性作用机制。

纵观当前各领域的研究发现,微塑料及其相关污染物与工程纳米颗粒(Engineering Nano Particle, ENP)和化学混合物在诸多方面都可相比较。例如,与微塑料类似,ENP 具有各种各样影响吸收和靶器官效应的颗粒特性;ENP 是用不同涂层合成的。类似地,微塑料具有与其不同添加剂相关的一系列吸附性质;微塑料和其他污染物的综合毒理作用及颗粒摄入可能造成的身体损伤类似于用于评估化学混合物风险的方法,例如,量化超过一种压力刺激的组合效应,评估所涉及的刺激物之间的相互作用是否导致偏离了加和性混合物的具体效应(即协同,或拮抗)。因此,这些特性的相似性意味着可借鉴工程纳米颗粒领域的研究经验,并帮助指导微塑料风险领域的发展。

二、海洋塑料污染的防控

目前来看,海洋中的微塑料因个体太小还没有有效的就地调控措施,应遵循预防为主、防控结合的原则进行海洋塑料垃圾和微塑料污染防控。

(1)建立完善的海洋塑料垃圾污染公共环境意识教育体系。事实上,我国民众普遍对塑料污染认知程度较低。随着近年来科技工作者对塑料污染的广泛关注和科学研究成果的报道,海洋塑料的危害将逐渐为大众所知。但是,海洋塑料垃圾和微塑料污染方面的环境教育体系尚未健全,这不利于专业宣传教育和公众参与。因此,建立完善的海洋塑料垃圾污染公共环境意识教育体系具有十分重要的意义。

(2)加强海洋塑料垃圾和微塑料监测等基础性研究。目前,我国海洋塑料垃圾主要来源、海洋塑料垃圾入海通量和海洋塑料垃圾迁移路径等存在不明确问题,不利于满足其管理需求。海洋水体和沉积物中微塑料采样方法、海洋生物体微塑料提取方法和微塑料化学组成检测方法等有待规范化。因此,全方位加强海洋塑料垃圾和微塑料监测等基础性研究对其有效防控十分必要。

(3)塑料垃圾管控。通过立法等手段对陆上、海上和内陆水上运输以及与渔业活动等产生的各类塑料垃圾进行有效管控,禁止随意丢弃排入环境中来。对于含原生微塑料的生活污水或工业废水,首先要进行特殊处理后再排放到污水处理厂进行处理或者在污水处理厂增加微塑料去除环节。总之,实现塑料垃圾和微塑料污染源头控制是有效防控污染的必要手段。

(4)塑料垃圾清除和回收。目前,陆源及海洋环境中塑料垃圾主要依靠人工网(器)具或打捞船打捞的方式进行塑料垃圾收集,收集后进行回收。比如海滩上丢弃的矿泉水瓶、游泳圈和儿童塑料玩具等塑料垃圾一般是海滩清洁人员进行收集。在河流中治理塑料垃圾是国际公认的有效减少塑料垃圾进入海洋的方式。但是,目前对于微塑料还没有高效的收集和清除技术加以广泛利用。

(5)搭建拦截网。对于水上赛区和游泳区等特定海区,可在周围搭建拦截网将塑料垃圾拦于区域外,保障水上比赛和游泳活动等顺利进行,并人工收集拦网外的塑料垃圾。

(6)加强国际合作交流。相对而言,我国对海岸漂浮塑料垃圾处理和化妆品中禁用塑料微珠等研究较晚,相关法律、法规等不甚完善。因此,通过加强国际合作交流,学习先进的海洋微塑料高效收集和清除技术,可以有效修复受海洋微塑料污染海域,降低海洋微塑料对海洋生物的危害。

第四节　海岸工程生态恢复

一、海岸环境现状概述

(一)海岸与海岸线分类

海岸指多年平均低潮线向陆到达波浪作用上界之间的狭长地带,是人类经济活动频繁区域。而海洋与陆地的分界线(在我国系指多年大潮平均高潮位时的界线)称为海岸线。世界海岸线总长约 44 万 km。一般海岸线包括自然岸线和人工岸线。自然岸线按海岸的形态、成因、物质组成等分为基岩海岸、沙砾质海岸、淤泥质海岸、珊瑚礁海岸和红树林海岸五大类型。人工岸线指由人工构筑物建成的岸线,可分为永久性人工岸线和非永久性人工岸线。永久性人工岸线主要包括填海工程和防潮堤、防波堤、护坡、挡浪墙、码头、堤坝、防潮闸以及道路等挡水构筑物形成的岸线,多为石块、混凝土结构,较为稳定,不易改变。非永久性人工岸线主要由池塘、盐田的土质堤坝组成,岸线结构相对永久性人工岸线容易改变。

(二)海岸保护与开发利用存在的问题

随着海岸资源利用范围和规模的迅速扩大,海岸自然环境和生态系统面临巨大压力,出现了许多不容忽视的矛盾和问题。

1. 海岸功能退化，部分海岸生态平衡遭到破坏

我国部分岸段已出现海岸生态平衡遭到破坏，海岸功能严重退化的问题。这突出表现在：海湾湿地功能退化；近岸海域生物多样性降低，渔业资源减少；部分岸线被高度人工化和稳固化，自然岸线锐减；自然礁石基岩岸线和沙质海岸遭到圈占、破坏；部分海岸滩面侵蚀，沙滩流失严重；沿岸黑松海防林、沙坝等滨海景观资源遭到破坏；港口海湾和人海河口水环境质量堪忧；海岸抵御风暴潮、海水入侵等自然灾害的能力减弱等。

2. 海岸线保护利用缺乏统一规划与系统科学论证

目前涉海管理与开发类规划日益增多，但是各类行业专项规划统筹协调性不足，已有规划的实施效果并不理想，导致海岸线资源配置不够合理，岸线开发利用中出现了许多不协调问题，主要表现在：局部岸线开发利用布局不合理、岸线功能混乱；部分港口码头重复建设、盲目建设，小规模修造船项目占用深水岸线，海岸和海域资源，浪费严重；局部建设用海需求难以满足；滨海公共休闲空间、亲水空间受到挤压；毗邻岸线开发利用功能相互冲突等。

3. 海岸开发利用仍比较粗放，产业集中度与综合效益不高

目前，我国海岸开发利用仍比较粗放，综合开发效益不高。这主要表现在以下方面：以池塘养殖、滩涂养殖为主的粗放模式仍占较大比重；港口、码头利用率和集约化程度相对较低；滨海旅游开发模式单一、雷同，且开发层次较低；临海船舶工业产业配套能力差等。随着集中、集约用海理念的实施，海岸线和海域资源的这种“粗放式”利用模式将会有所改观。

4. 海岸开发利用监管力度不够，缺乏规范的管理制度和政策

海岸线管理职能分散且监管责任模糊，缺乏有效的综合协调机制。现有的涉及岸线开发利用的管理法规和政策缺乏可操作性，缺失使用产权管理和动态管理，造成岸线开发利用监管薄弱，岸线“乱圈乱占、未批先建、少批多建”等现象时常发生，岸线开发利用矛盾突出，而且生态敏感的岸线资源没有得到有效保护。

二、海岸工程生态恢复方法

海岸线整治修复已受到国家和地方各级政府的高度重视。2017年，国家海洋局发布的《海岸线保护与利用管理办法》要求重点安排沙滩修复养护、近岸构筑物清理与清淤疏浚整治、滨海湿地植被种植与恢复、海岸生态廊道建设等工程。2018年，浙江省海洋与渔业局发布的《浙江省海岸线整治修复评价导则（试行）》将海岸线整治修复划分为生态化、景观化和能力提升三种类型。其中，生态化整治修复主要采用人工补沙、沙滩养护、堤坝拆除、退堤还海、湿地植被种植、促游保滩，以及生态护岸、滨海湿地和生态廊道建设等生态化措施。

目前，海岸修复方法基本以生态修复法为主，通过筛选出适宜的修复工具种和修复方法来建立人工岸段示范区。

通过前期对人工岸段生态环境调查的结果，掌握该区域土壤、气候、水动力等各种环境条件以及生物分布现状，结合研究文献及历年调查资料，对该区域以及与该区域相似环境下的常见物种进行调查，分析各物种的丰度、生物量、时空分布等情况。在此基础上，筛选出可能成为修复工具种的生物种类，然后通过专家咨询法对修复工具种进行初步筛选。

1. 修复工具种筛选原则

总的来看，为了筛选出适宜示范岸段的功能生物，修复工具种的筛选应尽量综合考虑以下原则。

（1）修复工具种应与参照系统中物种相同或相似，应尽量来源于当地；修复工具种的组合应与参照系统生物群落结构相同或相似，且最大程度上由当地物种组成。

（2）修复工具种能够适应生态系统（区域）的物理环境，修复后能够维持种群稳定和发展。

（3）修复工具种具有种群自我维持能力；修复工具种组合具有自我维持能力。

（4）修复工具种及工具种组合对可预测的环境压力具有抵抗力。

（5）修复工具种及工具种组合对生态系统的功能恢复和维持具有促进作用。

（6）修复工具种能够与周围环境进行生物和非生物交流；修复工具种组合能够与周围环境整合为大的生态场和景观。

（7）修复工具种及工具种组合对生态系统健康和整合性具有促进作用。

（8）修复工具种能够人工获得足够的种质资源，具有可行的种群恢复技术；修复工具种组合具有可行的群落构建技术。

（9）修复工具种及工具种组合应符合经济可行原则。

（10）修复工具种种群及工具种组合具有视觉美学和景观功能。

2. 修复工具种筛选评价标准

对专家进行咨询，可对生物种类进行了排序，筛选得分靠前的几种作为修复工具种。筛选标准分为三大项，10 小项，每一小项 10 分，总分 100。分值取各专家所打分数的平均值。

3. 获得修复工具种筛选结果

根据打分排名情况并结合岸段生态环境现状，充分考虑相关专家指导意见，筛选出合适的物种作为人工岸段的修复工具种。

第五节　沙滩修复

一、沙滩修复方式

沙滩修复的目标无非三条：增加岸滩宽度、提升海滩稳定性、提高沙滩的防护效能，三个目标能否达成是衡量沙滩修复工程成功与否的关键。单一的通过“软”式抛沙或“硬”式构筑物修建，在强水动力海滩难以取得较好效果。“北戴河养滩模式”在水动力较强的浪控型沙滩效果极佳；通过人为的滩肩补沙可拓宽沙滩宽度；通过修复后滨沙丘、设计合理的沙滩补沙高度、选取合适的客沙粒径等能够提高沙滩的稳定性；借助离岸潜堤、人工沙坝消浪促淤的功效，同时以邻近沙滩为起点向海修筑突堤、丁坝，可缓解沿岸流对沙滩的冲刷强度，从而提升沙滩的防护功能。

（一）人工补沙

（1）补沙剖面形态及坡度。自然条件下，海滩在波浪、潮流等水动力条件、地形及其他因素的耦合作用下，趋于动态平衡的状态，因此在重新进行人工补滩后，所塑造的海滩能尽可能调整以适应主导波浪条件，进而达到泥沙的收支平衡，最终达到平衡状态，是最为理想的补沙结果。

（2）客沙粒径。客沙即抛沙的粒径要依据当地海滩的粒径值来选择。原则上，为了与原滩浪力相适应且不易被搬运，客沙粒径需大于原滩沉积物。据美国《海岸工程手册》经验，人工补沙中值粒径应为原海滩沙的 1.0~1.5 倍。

（3）滩肩高程。滩肩高程的确定参考《堤防工程设计规范》中正向规则波在斜坡堤上的波浪爬高计算。

（4）抛沙量。抛沙量通常直接受制于工程的投资大小，但从解决海滩侵蚀、恢复海滩功能角度而言，抛沙量须有一个限值，不然过少的抛沙对于海滩本身而言没有实际意义。而对于周期性养护的沙滩而言，计算单一批次的抛沙量没有实际意义，因此限定抛沙总量相对合理。

（5）沙源选择。一般而言，沙源选择要满足两个条件：沙源粒径要满足设计剖面的客沙粒径需求；沙源的选取位置需要远离工区，不会对近岸工程、海滩的水动力条件、海滩剖面造成影响。最为理想的海上沙源是海上 40~50 m 水深和 150~180 m 水深的海域，不过，考虑到人工补沙的经济成本，目前的沙源选区一般位于距岸 15 海里（27.8 km）外的海区。

（6）水下沙坝。布设于海上的水下沙坝，在海滩的养护过程中可发挥“喂养”和“遮蔽”功效。所谓“喂养”功效是近岸沙坝的直接功效，即近岸沙坝泥沙在波流作用下向岸输移，为近岸沙滩提供沙源，从而达到对海滩的养护目的；所谓“遮蔽”功效是近岸沙坝的间接功效，就是使近岸波浪提前破碎，消耗波浪能量，对近岸沙滩发挥掩护作用。人工沙坝可以布设到离岸距离较近的位置，根据物理模型试验，选取在当地常浪条件下不易启动的沙作为构筑沙坝的材料，即使在暴风浪条件下沙坝被破坏，对沙滩的影响也是良性的，不会形成任何威胁。

（二）辅以硬式构筑物

人工抛沙是北戴河养滩模式的第一步工作，要确保沙滩的防护效能，还需辅以硬式护滩构。筑物诸如丁坝、离岸潜堤等。丁坝是最古老、最普通的稳滩连岸构筑物，它垂直或斜交海岸向海方向延伸，可以促进上游沙滩宽度增加、下游沙滩受侵蚀致宽度减小，一般是以丁坝群的形式出现。通过调整丁坝长度、间距可以达到控制海滩宽度、塑造沙滩形态的目的。此外，通过调整丁坝与岸滩间的方向，可防止特定常浪对沙滩的侵蚀，通过自上游至下游逐级递减丁坝的长度，还可削弱沿岸流对下游沙滩的侵蚀程度

离岸潜堤是分布于离岸一定距离与海岸线平行的水下堤坝，可促使波浪在岸外破碎、消散波浪能量、降低波浪强度、促进波影区泥沙堆积、维持新沙滩稳定。随着生态理念的兴起，近年来，离岸潜堤的布设材料逐渐由透水式人工渔礁替代传统的混凝土人工材料，人工渔礁不仅保留了离岸潜堤防浪促淤的功能，还能为鱼类等海洋生物提供栖息场所，有助于海洋生态系统的恢复与构建。

（三）海滩修复工程前的试验模拟

在修复工程开展前，需要进行一系列模拟实验来验证人工养滩的设计剖面、硬式构筑物的构建合理与否。

通过在大型实验室内构建模拟当地海岸地貌、模拟当地水动力的条件，可直观反映沙滩修复工程的合理性，通过改良剖面设计参数、硬式构筑物数量、设计参数来选择出最优设计方案。不过物理模型试验有其缺陷性，如局限于实验室规模导致物理模型难以做出 1：1 尺度的实验条件，因此在细节的刻画和其他因素的考量方面难以面面俱到，也无法详尽地模拟大区域内诸多因素对人工海滩的影响程度。

相较于物理模拟，数值模拟具有经济、快速、多条件可控的优点，在相同时间下，可预演出更多工况条件下不同人工养滩方案的优劣。目前，较为主流的模拟软件有 MepBay（梅贝）、GENESIS（起源）、SMC（海模）和 XBeach（未来沙滩）模型。

MepBay（Model for Equilibrium Planform of Bay Beaches）软件是基于岬湾理论开发而来，它是利用抛物线湾岸经验公式来预测岬湾海滩静态平衡状态下的岸线分布。它可以用于迅速比较不同方案的岸滩

演变差异，确定出最优方案，不过输出数直接取决于图像的分辨率。

GENESIS（Generalized Model for Simulating Shoreline Change）是基于一线理论所开发的模拟海岸长期变化的系统，由两个主要部分组成：一个是计算沿岸输沙率和岸线演变，另一个用来计算较简单的形条件下的波浪破碎点波高和波角，称为内部波浪模型。在大量的工程应用中逐步完善并成熟起来，现在国际上已广泛地应用于预测岸线的长期演变及岸线对海岸建筑物和人工养滩的响应等。

SMC（Coastal Modeling System）是西班牙国家通用的用来进行近岸水动力模拟和沙滩恢复工程模拟的可视化软件。通过给予一组历史波浪、潮流数据，可以模拟人工养滩工程不同工况下波浪、潮流、泥沙输运的未来趋势，相较于 MepBay，能够更深入分析所选择方案的优劣，目前已成为一种通用的海岸工程设计工具。

沙滩平面演变的数值计算基于代尔福特理工大学（TU Delft）和代尔夫特三角洲研究中心（Deltares Institute）联合开发的 XBeach 数学模型。该模型可用于模拟波浪、波生流、潮流以及海啸波和风暴潮传播过程及其引起的泥沙输运和海床演变过程。

在现实的养滩工程中，通过以上模拟软件的配合使用，尤其在预演多种工况下沙滩的演变，多年一遇的风暴潮等极端天气对沙滩的侵蚀强度具有不错的效果，极大地提高了沙滩修复工程的方案设计类别及甄别效率。然而上述四类商业软件也存在天然缺陷，即只能反映海滩演变的平面分布，对于沙滩垂向上沙体含量的分布及演变则力不从心，当然，这也是将来沙滩修复模拟的趋势。

（四）后续修复效果评估

完整的沙滩修复工程包括工程施工、竣工验收、养滩监测三个阶段。通过对海滩各个指标的监测，能够把控沙滩形貌、寿命、周边水动力环境的变迁，以此来评估工程效果，分析工程不足之处，并能够对侵蚀异常的岸段进行补救，为决策者提供后续的养滩措施。

1. 岸滩地貌形态监测

工程竣工后，需要多期次定时（一般为一个季度一次）对特定剖面的形态进行监测，剖面长度一般在 1 km 左右，剖面间距 200 m，同时在该剖面上定点取样，当然涉及区域内的地形监测，则根据成图比例设置地形测量的间距。通过获取到的剖面高程数据,对比不同时期特定剖面形态,把握沙滩垂向上的变化趋势,结合沉积物粒径变化情况,分析沙滩侵游状态,以此来判断沙滩修复成效,并确定沙滩后续再养护的周期。

根据不同时期该海滩的卫星遥感影像,利用 Aregis(地理信息系统)提取各时期岸线位置,可利用垂直断面法,即通过 Arcgis 的扩展模块 DSAS 计算整个沙滩的岸线进退长度,可在宏观上直观把握沙滩横向上的演变趋势,针对侵蚀重灾区,进行针对性补救和额外喂养措施。

2. 沉积动力监测

养滩工程竣工后,势必对周边水动力环境造成影响,通过对工区波浪、潮流、悬浮泥沙等水动力条件进行连续观测,可有效反映新塑造的沙滩及水下沙坝、人工岬头等单体工程的效果及区域动力的改变情况。波浪、潮流亦可反过来作用新形成的沙滩,利用相关海域波浪、潮流连续性监测数据,配合获取的各个时期的地形数据,利用数值模拟软件可以对未来一定时期内沙滩形态演变、寿命进行预测,这对于指导和及时修正后期的沙滩喂养策略大有裨益。

3. 海洋环境监测

海洋环境监测包括沉积物化学监测、海水水质监测、海洋生物监测,通过对这些指标的周期性监测,可以掌握人工养滩工程对区域内海洋环境诸如沉积物重金属元素变化、水质、浮游及底栖海洋生物活动的影响。

二、其他类型海滩修复方式

(一)泥滩－沙滩置换技术

我国有相当部分海滩属于泥质海滩,相对于沙质海滩,前者旅游价值低、亲水性差。为提高泥质海滩的旅游观光价值,将泥滩改造为沙滩,即在泥滩的基础上通过抛沙塑造出全新的沙质海滩。泥质海滩沉积物粒度较细,海水含沙量较高,直接上覆沙体易引起新抛沙体泥化,最终造成养滩工程失败。事实上,目前为止,国外鲜有泥滩改造为沙滩的报道,国内泥滩成功改造为沙滩的工程有上海金山浴场、天津东疆港人造海滩以及潍坊央子港泥质海岸养滩。泥滩置换沙滩技术为我国首创，截至目前，已有数十例类似的造滩工程竣工，此类工程将带来巨大经济效益。泥滩改造为沙滩的关键是要促进置换区域内海水的沉泥作用、防止泥沙界面的物质交换，以防后期塑造的沙滩出现泥化现象，具体置换工序如下：

（1）在置换区域内建造半封闭式防波堤围堰，降低波浪等水动力作用，有效促进海水沉泥作用。

（2）吹蚀掉原滩部分的泥质沉积物，以防止原滩区域在人工补沙后出现软弱层（泥层）。

（3）在泥层与沙层之间建造隔板层（可用竹筏，潍坊滨海潮滩的改造工程在此界面使用了塑料格栅），上覆土工布，用来防止泥沙界面物质交换、阻断上覆沙和下伏泥的垂向输移、保证上覆沙体中的水分下渗。

（4）按照设计规范，选取适当粒径的沙，按照设计厚度抛掷于土工布上方。

（二）砾石滩改造技术

近岸强水动力也是影响海滩侵蚀的重要因素，尤其在某些浪控型海滩，由于陆源来沙量的减弱，海滩的动态平衡被打破，波浪持续侵蚀海滩，在叠加风暴潮等极端天气的影响之下，还可严重破坏区域内的海滩资源。因此，在通过人工补沙，辅以离岸潜堤、丁坝依然难以保存当地沙质海滩的情况下，可以更换一种养滩思路，通过在原沙滩抛掷砾石，营造砾石海滩，来抵御强水动力的侵蚀作用。

此种思路并非国内首创，1970 年，就有学者提出过在沙滩上建造一个在形态上最能接近自然砾石海滩的碎石海滩，来保护当地海岸：新西兰南岛东岸港市提马鲁建造的一个人工砾石海滩成功的分散了波浪的能量，有效防护了当地岸滩；意大利马里纳迪比萨（Marina di Pisa）于 2001 年、2002 年在原沙滩基础上塑造了 330 m 长、近 20 m 宽的砾石海滩，有效保护了沿岸建筑，同时满足了游客的亲水活动。国内较为成功的案例是厦门天泉湾人工砾石滩，该工程是在原有的海滩表面塑造了 632 m 长，滩肩高度为 4 m 的砾石滩，为增大海滩的稳定性，砾石的铺设分为三层，自上而下的砾石种类、粒径及厚度分别为：鹅卵石、5~10 cm、0.5 m，鹅卵石、无级配、0.8 m，二片石、坡度 1∶5，可见每层砾石厚度及粒径不一，相较于铺设单一的沉积物成分，通过铺设自上而下磨圆度逐渐降低的沉积物在保证表层美观的前提下可有效增大砾石滩的稳定性，工程竣工两年后，滩肩宽度基本保持不变，护滩效果显著。需要指出的是，在沙滩上塑造砾石海滩的技术还有优化的潜力，目前尚无确切的人工砾石养滩指标及标准。

第七章

海洋渔业资源修复

我国的海洋渔业有着辉煌的过去，也有着诸多领先于世界的现在，尤其海水增养殖的种类与规模，更是世界无双。但长期以来过量发展起来的海洋捕捞力量，严重地损害了自然资源，许多曾经十分丰富的经济鱼虾类已严重地衰退，形不成渔业。超高速发展的海水养殖业，在局部海域业已超容量，导致水域自污染，养殖对象病害频发，产品质量下降。当然上述并不都是水产业本身的错，陆上工农业发展污染了海域的环境，滨海的临港工程占据了鱼虾类的产卵场和育幼场，江河淡水径流锐减，促使近海产卵场的消亡等。上述综合因素，正严重威胁着海域渔业的可持续——中国海洋渔业的未来。

第一节　海洋渔业资源恢复措施

世界各国纷纷开展海洋环境生态修复和海洋生物资源恢复的研究，采取多项措施修复海洋环境生态和恢复海洋生物资源。我国出台了一系列保护和修复水域生态环境的方针政策，如《中国水生生物资源养护行动纲要》等，并开展保护区建设、水生生物增殖放流、人工鱼礁建设、海洋牧场建设等一系列修复海洋环境生态和恢复海洋生物资源的措施。

一、财税政策

国家引导海洋渔业资源恢复，在海洋渔业资源恢复法律制度设计中实施鼓励海洋渔业资源恢复技术的政策，规定国家通过税收减免、低息贷款、财政补贴、奖励等方式扶持海洋渔业资源恢复技术的研发和推广应用，激励海洋开发者在捕捞、养殖、防治环境污染、海洋工程建设等的活动中主动选择海洋渔业资源恢复技术，实施恢复海洋渔业生态系统的行动。

积极开展海洋渔业资源恢复的科学研究，通过税收优惠、财政援助等政策扶持海洋渔业资源恢复实用技术的研发和推广应用。在海洋渔业资源恢复技术研发中尽快突破深水网箱、人工鱼礁、鱼病防治、优良苗种繁育、水产品保鲜保活和精深加工等关键性技术，基因工程理论和分子生物学技术等。

将税收减免与财政补贴政策结合起来激励海洋开发者恢复海洋渔业资源的行为。实施渔船报废和渔民转产转业制度，通过渔船报废财政补贴，采取补贴、免税或减税鼓励渔民减船转产，减轻海洋捕捞强度，给海洋渔业资源以生息、恢复的机会。

完善远洋渔业技术发展的财税优惠政策，鼓励发展远洋渔业，给近海渔业资源恢复以更多的机会。发展远洋渔业是海洋渔业发展到一定程度的必然选择，由近海捕捞向远洋捕捞发展已经成为海洋渔业发展的必然趋势。

二、投融资政策

海洋渔业资源恢复是一项社会公益事业，海洋渔业资源恢复技术研发、推广应用不仅要靠政府的投入，还要借助社会的力量，即实行国家、地方、集体和公民一起上，多渠道、多方位筹集资金。以政府财政资金的投入为引导，拓宽融资渠道，建立海洋渔业资源恢复建设基金。

集中政府对海洋渔业资源恢复重点领域的投入，积极引导民间资金及银行信贷资金投入海洋渔业资源恢复的各个领域，激励海洋开发者利用海洋渔业资源恢复技术恢复海洋渔业资源的行为。如浙江省积极引导海洋捕捞渔民转产转业,帮助捕捞渔民弃捕发展水产养殖、水产品运销、休闲渔业等,安排专项资金扶持捕捞渔民转产转业,要求农业综合开发资金也要予以倾斜支持。

三、权益保障政策

在海洋渔业资源恢复中,不论是海洋渔业资源恢复技术开发或是增殖放流渔业资源,都涉及权益问题,需要国家对海洋渔业资源恢复中的各种权益出台相应的保障政策。

海洋游动性渔业资源种群的时空分布跨度很大,要保障放流主的权益比较困难,这就需要创新渔业管理政策。渔民是海洋渔业资源开发、保护、恢复的主体,在海洋渔业资源恢复中如何维护渔民的权益受到了社会各界的广泛关注。如浙江省舟山籍省人大代表、政协委员针对浙北渔场渔业资源破坏日益严重的情况,连年提案,要求改革浙北渔场管理方式,保护浙北渔场资源环境,维护专业渔民合法权益。

四、宣传教育政策

海洋渔业资源恢复是全民的事业,只有通过公共的宣传和普遍的教育活动,引起全社会对海洋渔业资源恢复工作的重视,才能使公众了解并自觉遵守海洋渔业资源恢复法律制度,在海洋开发活动中积极应用海洋渔业资源恢复技术。同时可为沿海群众提高或普及海洋渔业资源恢复有关的法律知识和科学知识,并通过宣传方面的媒介作用,加强海洋渔业资源恢复海域与外界的联系。

实施宣传教育政策需要提高宣传人员对海洋渔业资源恢复的认识,鼓励和支持从事海洋渔业资源恢复宣传工作的人员参加地方、系统内或国家及国际有关海洋渔业资源恢复的讨论会或学术活动,使宣传人员及时掌握一些新的信息和知识。海洋渔业资源恢复实践中,渔业资源管理部门对宣传教育工作给予了高度重视。为控制海洋捕捞强度,保护和恢复渔业资源,农业农村部在全面实施海洋捕捞网具最小网尺寸制度的过程中要求广泛宣传,全面动员,让广大渔民全面了解各种网目尺寸的标准和实施最小网目尺寸制度的意义。通过广泛张贴通告,散发宣传材料,举办培训班,为全面实施该制度营造良好氛围。沿海各级渔业执法人员要加强最小网目尺寸相关知识的学习，熟悉、掌握网尺寸的表示和测量方法，必要时，有关渔业行政主管部门要组织专家对所属的渔业执法人员进行专门的技术培训。

五、适用惩罚手段

在海洋渔业资源恢复实践中，惩罚手段的应用是广泛的，对保护和恢复渔业资源来讲也是必要的手段。惩罚不是目的，通过惩罚手段的应用引导海洋开发者自动寻求海洋渔业资源恢复技术，最终恢复海洋渔业资源才是海洋渔业资源恢复法制建设的目的。农业农村部全面实施海洋捕捞网具最小网目尺寸制度，禁止使用低于最小网目尺寸的网具从事渔业生产。对凡使用低于最小网目尺寸网具从事渔业生产的，由各级渔业行政执法机构根据《渔业法》第三十八条及其他相关法规予以处罚。在实施伏季休渔制度过程中实行严管重罚，对违反执行伏季休渔制度中出现的违法行为严惩重罚，采取扣船、最高额度罚款等渔业行政处罚。

另一种适用惩罚手段的形式是对破坏海洋渔业资源造成海洋生态损害者征收海洋生态补偿费，设立海洋生态补偿专项基金。通过海洋生态补偿费反映海洋生态损害的外部成本，使海洋渔业资源破坏而造成的海洋生态损害的外部成本内部化，引导海洋渔业发展方式，鼓励将海洋渔业资源保护和恢复的行为推向市场，利用市场交易模式实现其节约、保护、恢复渔业资源的价值。

为恢复海洋渔业资源，比较传统的方法是采取有效管理的方式（自然恢复），管理措施包括生态系统管理、限制渔业活动、降低捕捞能力等，但这些方法主要的缺陷在于恢复时间过长，而且恢复一般很难达到预期效果，甚至会严重损害到渔业从业人员的生计。目前，人工渔礁和增殖放流是国际上较为广泛应用的两种渔业资源的恢复与增殖措施，其主要是通过改善栖息地和增加鱼类种群量两种方式进行。

第二节　海洋牧场

一、海洋牧场的基本概念和功能

海洋牧场是在特定海域通过人工调控的方式，营造适合海洋生物生长与繁衍的优良生境，利用生物群体控制技术，结合现代化管理技术，将野生生物和人工放养生物吸引、驯化、聚集、控制在特定海域，进行人为、科学的管理和利用，建立可控海洋生态系统，增殖渔业资源、改善资源结构，创造出超过天然系统的高产效应，形成高效人工渔场。广义的海洋牧场包括增殖式和养殖式的生产方式。

（1）海洋牧场技术是从传统“采捕型”渔业转变为“栽培型”和“管理型”渔业的必然途径。海洋牧场技术是社会发展对现代渔业的必然要求，海洋牧场生产模式依靠高水平的生物管理技术和渔场生态环境控制技术，摆脱自然资源衰退对海洋渔业生产发展的桎梏，通过现代科学和尖端技术应用，开拓如同陆地农牧业的海域生产模式，发掘海洋中所蕴藏的生物资源的巨大生产力，大幅度地增殖渔业资源，是实现海洋渔业可持续发展的有效途径之一。

（2）海洋牧场技术是“资源养护型”和“环境友好型”现代渔业技术的有效载体和最佳模式之一。海洋牧场技术与渔业捕捞技术、水产养殖技术一起构成了渔业生产技术的主体，同时又融合和延伸了后二者的优点和优势，更加注重生境的修复与重建，生物资源的养护与管理，海洋生态系统潜能的合理利用，有效集成牧场营造与调控技术、品种选育与增养殖技术、品种驯控与采捕技术、监控与管理技术等，提供低投入高产出渔业生产模式和方法。

（3）海洋牧场技术是发展节能渔业、碳汇渔业和休闲渔业等综合功能的良好载体和有效途径。与传统渔业相比，海洋牧场技术将大大节省饵料、电力和动力燃料等消耗，具有明显的节能减排优势。海洋牧场技术在改善海域生态环境，增强海域碳汇功能，协同降低环境温室效应方面将发挥积极作用，是我国海域生态文明建设的重要组成部分。海洋牧场技术结合渔港建设，开展休闲垂钓、观光旅游、渔文化开发等多种形式的休闲渔业，将发挥重要的社会、经济和生态功能。

海洋渔业是我国国民经济的重要基础和战略产业之一。进入 21 世纪，海洋渔业的可持续发展已经成为全球沿海国家共同关注的时代主题，水产品作为优质安全的蛋白食物来源已得到国际社会的广泛认同。面对资源衰退、环境污染、食品安全等问题日益凸显，亟须发展基于生态系统水平管理的海洋生物资源产出新模式——海洋牧场，恢复和增殖天然渔业资源，实现资源恢复和水产增养殖业与生态环境的和谐发展。

二、海洋牧场的分类

关于海洋牧场的分类现今世界上并无统一的规定，但大多都是依建设目标来确定的。就目前我国海洋牧场的建设状况来看，基本围绕增养殖经济海产品、资源养护以及构建休闲渔业产业园区三种目标来建设。若按照设置的区域进行分类的活，可以分为近岸海湾型、滩涂河口型、远岸岛礁型以及离岸深水型等。当然根据海洋牧场的规模和配套设施是否完善等标准，还有初、中、高级海洋牧场之分。另外，其他的分类方式，也会按照建设手段以及突出的核心特色，细分为各种类型。

（一）养护型海洋牧场

养护型海洋牧场是以保护和修复生态环境、养护渔业资源或珍稀濒危物种为主要目的的海洋牧场。该类型海洋牧场区域以人工鱼礁建设和资源增殖放流为核心，通过建设人工鱼礁区开展增殖放流、建设面积广阔的海洋生物资源养护与增殖区，可有效恢复野生鱼类、贝类、虾蟹等资源。部分海域可根据实际需要配套开展海藻场或海草床建设，以提升资源养护水平。

1. 河口养护型海洋牧场

河口养护型海洋牧场是建设于河口海域的养护型海洋牧场。上海市长江口海域示范区是其典型代表之一，该海洋牧场以建立一块具有治理长江口水域荒漠化、修复改善长江口中华鲟的栖息环境、保护中华鲟等珍稀濒危水生生物资源、养护刀鲚鳗苗、蟹苗等长江口特有经济渔业资源提高河口生物多样性为目的，采取人工鱼礁建设海草移植和底栖生物底播措施，有效地治理了长江口水域荒漠化、提高水域的初级生产力，优化和保护中华鲟等珍稀濒危水生生物及刀鲚、风鲚、大银鱼和银鲳等重要经济种类的栖息地产卵场和索饵场，提高中华鲟等水生生物数量及资源补充量，促进渔业资源的养护与恢复。

2. 海湾养护型海洋牧场

海湾养护型海洋牧场是建设于海湾的养护型海洋牧场。天津市大神堂海域国家级海洋牧场示范区是其典型代表之一。该海洋牧场以修复渤海湾受损海洋生态环境、保护小黄鱼、银鲳、牡蛎和天然牡蛎礁为目的，采取以人工鱼礁和人工牡蛎礁建设为主、辅助以增殖放流和海藻移植的措施，有效地恢复了该海域的牡蛎等渔业生物资源，保护了我国北方地区现存的最大天然牡蛎礁资源。

3. 岛礁养护型海洋牧场

岛礁养护型海洋牧场是建设于海岛、礁周边或珊明礁内外海域，距离海岛、礁或珊瑚礁 6 km 以内的养护型海洋收场。浙江省中街山列岛海域国家级海洋牧场示范区是其典型代表之一，该海洋牧场以保护大黄鱼、曼氏无针乌贼等鱼类产卵场为主要目的，采取人工礁体建设、人工增殖放流、藻场建设等措施，有效地保护了该海域渔业资源，曾消逝了数十年的曼氏无针乌贼，经过多年努力，它们终于高调地“亮相”在舟山渔民面前。

4. 近海养护型海洋牧场

近海养护型海洋牧场是建设于近海但不包括河口型，海湾型、岛礁型的养护型海洋牧场。辽宁省锦州市海域国家级海洋牧场示范区是其典型代表之一，该海洋牧场以修复海洋生态环境、保护海洋生物资源为主要目的，采取人工礁体建设、人工增殖放流等措施，有效地改善了锦州海域初级生产力增加了浮游生物种群数量，强化了群落结构，提高了生物量。

（二）增殖型海洋牧场

增殖型海洋牧场是以增殖渔业资源和产出渔获物为主要目的的海洋牧场。海洋牧场建设采用轮播轮种模式，结合人工鱼礁建设，丰富渔场资源。通常在海深床建设、工鱼礁投放、大型网箱建设的基础上，增殖渔业资源，但其增殖生物需结合其海域资源状况进行选择，其增殖种类可能是多样的，其 2 级分类是多有重叠的。如大连市章子岛海域国家级海洋牧场示范区，其增殖的品种涉及舌鳎、中国对虾、三疣梭子蟹、扇贝、鲍鱼等多个品种。

（1）鱼类增殖型海洋牧场。以鱼类为主要增殖对象的增殖型海洋牧场。

（2）甲壳类增殖型海洋牧场。以甲壳类为主要增殖对象的增殖型海洋牧场。

（3）贝类增殖型海洋牧场。以贝类为主要增殖对象的增殖型海洋牧场。

（4）海藻增殖型海洋牧场。以海藻为主要增殖对象的增殖型海洋牧场。

（5）海珍品类增殖型海洋牧场。以海珍品为主要增殖对象的增殖型海洋牧场。

（6）其他物种增殖型海洋牧场。以除鱼类、甲壳类、贝类、海藻、海珍品以外的海洋生物为主要增殖对象的增殖型海洋牧场。

（三）休闲型海洋牧场

休闲型海洋牧场是以休闲垂钓和渔业观光等为主要目的的海洋牧场。随着人们生活水平的提高和休闲渔业的快速发展，该类型的海洋牧场应运而生。该类型海洋牧场的功能主要结合海上旅游开发而不是收获海产品。海洋牧场建设有完善的休闲娱乐和餐饮食宿等配套设施，为游客提供舒适的旅游环境。

1. 休闲垂钓型海洋牧场

休闲垂钓型海洋牧场是以休闲垂钓为主要目的的海洋牧场。该类型海洋牧场通过生境修复、投放资源养护型人工鱼礁、增殖放流其他型鱼类等手段，形成拥有丰度经济鱼类资源的游钓场，吸引游客进行休闲垂钓。如大连市狮子岛海洋牧场和山东的大部分海洋牧场推出休闲垂钓、海上观光等旅游项目。

2. 渔业观光型海洋牧场

渔业观光型海洋牧场是以渔业观光为主要目的的海洋牧场。该类型海洋牧场通过生境修复、投放一些造型别致的礁体,增殖礁型经济鱼类和具有观赏价值的鱼类,开发潜水等水下观光等极具特色的项目,吸引游客前来观光旅游。目前,该种类型的海洋牧场在海南等旅游海域正在兴起。

三、海洋牧场的选址和布局

我们建设海洋牧场的目的是在维持海洋生态系统健康的前提下,实现资源的增殖,从而获得可观的经济效益和社会效益。因此在开展海洋牧场建设中必须要坚持生态优先、陆海统筹、三产融合、四化同步。

(一)海洋牧场的选址

海洋牧场的选址需要充分考虑海域原有的资源环境状况,遵循“生态优先”的原则,依托于天然海域的特征,因地制宜进行设计。

1. 选址的基本原则

海洋牧场选址需遵循的基本原则如下:

(1)海域选择应符合有关涉海法律(规)的规定,拟设立海域应符合国家和地方的海域(或水域)使用总体规划与渔业发展规划。

(2)建设区域不与水利、海上开采、航道、港区、锚地、通航密集、倾废区、海底管线及其他海洋工程设施和国防用海等功能区划相冲突。

(3)建设海域应无污染源、水质良好。适宜对象生物栖息、繁育和生长。牧场建成后能保持较好的稳定性与安全性,建立后不发生生物入侵、超出环境容量、引入病原微生物及寄生虫等不良现象。

2. 选址过程中需要开展的工作

(1)海域初选。根据海洋牧场选址原则第一条和第二条进行海域的初选。

(2)海底地形测绘。通过多波速水下扫描勘测、地质勘探等手段,对初选海域海底的地形地貌以及底质结构进行调查,根据计划建设海洋牧场的类型(主要是是否进行礁体投放),评估初选海域地质地形是否适宜进行海洋牧场建设、适宜何种类型海洋牧场建设。如评估后,该海域不适合进行海洋牧场建设,需重新进行选择海域。

(3)水文条件调查。包括水深、浪高、海流、潮沙等水动力条件。由于海洋牧场通常需要建设一些生境修复工程或投放定数量的增养殖设施,所以水深是需要优先考虑的问题,要保障修复工程或增养殖设施上方有足够的空间保证船只的安全航行,另外水深还会影响设施的稳定性、建区生物的聚集和生长。

(4)水质条件调查。海洋牧场构建海域的水环境条件应满足国家和水产养殖行业发布的基本水质标准要求,如《海水水质标准》(GB 3097—1997)和《渔业水质标准》(GB 11607—89)。但以修复海洋生态环境、养护渔业资源的养护型海洋牧场可以通过在阅历史材料。对比海域受损前的水质条件,选择性开展海洋牧场建设。

(5)生物资源调查。海洋牧场建设前对海区生物资源的调查和了解,可以为制定养护或增殖的生物种类提供数据参考,同时也为建设后期的效果评估积累基础数据。

(6)工程可行性研究和海洋环境影响评价。委托有相关资质的单位进行工程可行性研究和海洋环境评价,只有工程可行性研究报告和海洋环境评价报告通过相关部门的审核。方可进行海洋牧场建设,同时这两项工作也是取得海域使用权的基体。

(二)海洋牧场的布局

海洋牧场建设必须有科学合理的规划设计,其首要原则是依托牧场区域自然环境条件顺势而建。不同建设目标的海洋牧场类型,其布局理念也应该有所不同。基于生态系统理论、综合海区资源环境调查数据对海基部分进行科学布局;基于海洋牧场功能定位进行场区和保障配套设施等陆基部分进行合理布局。

1. 海基部分布局

海基部分可以根据水深设置不同的功能区域。近岸 6 m 以浅区域离岸近、水浅、光照充足,可移植或养护现有的大型藻类和海草等底栖植物,以提升海区的初级生产力,同时可开展底播贝类、虾蟹类和海珍品增殖,可投放小型的基体。以便养护海藻增殖海洋生物。6~15 m 区域水深增大、水体空间宽阔,其上层水体可设置筏式贝藻生态调控区,通过贝类和藻类养殖调控牧场水质;中下层可投放人工鱼礁,开展相应的海洋生物增殖;构建多营养层次生态系统,实现物质循环利用的良好模式,实现资源增殖与环境保护的双重效果,15~50 m区域一般远离海岸远离陆源污染、水流交换通畅,可利用空间大。但该海域存在海况复杂、浪大流急等缺点。在该海域可设置大型人工鱼礁、深海网箱、养殖工船等设施,为洄游型鱼类提供庇护、增养殖经济鱼类。海基部分除不同水深的功能区设置外,资源环境监测系统也是不可或缺的一部分,需设置监测浮标或建设海洋监测平台。

2. 陆基部分布局

陆基配套部分以保障海基部分正常运营为原则,包括由原良种场、有苗场、苗种中间培育池塘或车间形成的种苗供应单元,由加工车间、冷藏厂、物流中心等组成的加工运输单元。由资源环境监测站、数据处理与预警中心、应急处置基地等组成的生态安全与环境保障单元,由工程技术实验室、环境与生物实验室。物联网控制中心等组成的技术研发和支撑单元。由船舶调度与维护中心休闲旅游服务中心、海洋牧场展厅、餐厅、办公楼、宿舍楼等组成的后勤保障服务单元。

各个部门和单位的布局应科学规划,保证生产、经营、管理等各个环节联动运行的便利性。同时,陆基园区的建设应注重整体美观和车辆出入停放的便捷。上述几个单元还应根据海洋牧场的类型进行适当的调整和删减,如以养护型海洋牧场建设可以不考虑加工运输单元和休闲旅游服务中心的设置。

四、海洋牧场建设的关键技术

(一)海藻(海草)场生境构建技术

海藻(海草)场具有食物供给、提供栖息地(包括产卵场、育幼场和庇护场所)、调控营养盐、气候调节(固碳)等生态功能,因此其在海洋牧场建设中具有极其重要的作用。

1. 海藻场生境构建技术

海藻场构建技术主要包括的几个要素：①增加新的着生面，构建藻类能够着床的海底基质；②海藻幼苗的培有和移植；③清除食藻生物的摄食压力；④增加营养盐浓度促进海藻床的生长。

海藻场构建并非所有的海洋牧场都适宜进行，这需要进行详细的现场勘查和历史数据收集工作，对海藻场构建的各个组成要素进行综合考量才能保证海藻场构建的成功。

2. 海草场生境构建技术

在中国分布的海草有大叶藻科的大叶藻属（*Zostera*）、虾形藻属*Phyllospadix*），海神草科的海神草（丝粉藻）属（*Posidonia*）、二药藻属（*Halodule*）、全楔草属（*Thalassodendron*）、针叶藻属（*Syringodium*），水鳖科的海菖蒲属（*Enhalus*），泰来藻属（*Thalassia*）和喜盐草属（*Halophila*），聚伞藻科的聚伞藻属（*Posidonia*）共 4 科 10 属 20 种。海草有无性繁殖和有性繁殖两种繁殖方式。无性繁殖为走茎式克隆繁殖，由母株长出的一条横走茎，有分节，几乎每个节上都可能生根，然后再长出新植株。横走茎不仅可以无限生长，且新植株也可长出新的横走茎。有性繁殖包括四个过程，分别为开花、传粉、受精和发育过程。我国的海草研究起步较晚，系统有效的海草修复研究不多。目前关于海草场构建的方法主要有三种。

（1）生境恢复法。通过保护、改善或模拟生境的方法，使海草通过自然繁衍而逐步恢复。自然恢复海草场需要较长的时间，虽然该方法可以节约大量的人力和财力，但是海草衰退的速度远远超过自然恢复的速度，因此该方法在海洋牧场中构建海草场的可行性不大。

（2）移植法。将移植单元通过锚定的方法稳定在移植区域的底质上，即在适宜海草生长的海域直接移植海草苗或者成熟的植株，甚至直接移植海草草皮。研究人员尝试了很多海草移植方法，如草皮法、草块法、根状茎法等。其中草皮法需要的海草资源量较大，同时采集海草对原来海草床的影响较大且无法评估，因此该方法不太可取。根状茎法需要的海草资源量较少，是一种有效且合理的构建方法，移植后具有较高的成活率，目前有插管法、枚钉法框架移植法等。

（3）种子法。利用种子来恢复和重建海草床，不但可以提高海草床的遗传多样性，同时海草种子具有体积小易于运输，而且收集种子对原海草场造成的危害较小。但如何收集培养种子、寻找适合的播种方法和适宜的播种时间，是该方法目前面临的难题。

目前，我国对海草场构建的科学研究还不够，需要开展更多的试验研究和实践工作，为海草保护和海草场构建提供更整实的理论基础。

（二）人工鱼礁构建技术

人工鱼礁是人为设置在海中的构造物，用于改善海洋生态环境，营造适宜鱼类等海洋生物栖息、生长、繁育的良好场所，养护和增殖渔业资源。

1. 人工鱼礁物理环境功能造成技术研究

人工鱼礁产生的上升流、背涡流可促进上下层海水交换，加快营养物质循环，提高海域初级生产力水平，进一步改变海域生态环境乃至养护渔业资源。

目前，关于人工鱼礁物理环境功能造成技术研究采用的手段主要包括数值模拟研究、大型水槽模拟研究和风洞模拟研究。无论是哪种方法都需要考虑以下两点：人工鱼礁受水流作用时受力的情况和人工鱼礁内部及其周围流场的实际分布情况。因此，在研究过程中需要在模拟研究海域的潮流情况下比较不同人工鱼礁的构型和人工鱼礁的布放（礁体开口方向等）方式下其流场效应。

人工鱼礁物理环境功能造成技术研究的方法和步骤如下：

（1）鱼礁投放区的湖流场特征计算。取示范区的地形条件，利用验证后的模型模拟渤海湾的流场，得到其典型时刻的流场、人工鱼礁示范区周围的高潮位和低潮位、涨急和落急时刻的流场。估算示范区的涨急和落急流速约为 0.5 m/s。

（2）计算条件设置。计算区域布置为长 30 m、宽 10 m、高 7.5 m，鱼礁中心布置在计算区域的原点位置处（原点位置处于 X 轴的 14 处即距离入口边界为 7.5 m）。分析流场效应时，来流方向与礁体开口方向一致，在计算上升流区域的体积时，取该区域的重向流速大于来流速度的 5%，在计算背涡流区域的体积时，取该区域流速小于来流速度的 80% 为判据。

（3）计算模拟及结果。采用 Fluent（流体动力学）软件，通过物理建模．网格划分、数值计算得到模拟结果，并采用 Tecplot 数据分析和可视化处理）软件对模拟结果进行处理分析。

2. 礁群布局技术研究

由于水体交换程度将直接影响水体营养盐的分布，而营养盐能使浮游植物增殖，浮游植物是海洋中食物链之源，是浮游动物生长的基础饵料，亦是鱼类的间接饵料。因此，人工鱼礁区水体交换能力的强弱直接影响其礁区水体的环境质量和营养盐分布情况，成为人工鱼礁区物理学变动与生物学变动的联系纽带，是研究人工鱼礁生态系统变动机制的关键。

由于礁区规模的尺度不适于模型试验，因此需要根据人工鱼礁建设海域的实际海流状况，引入计算流体力学（CFD）应用软件 Fluent，模拟人工鱼礁区海域的海流特性，并对人工鱼礁区的水体交换特征进行研究探讨，进而给出适合某一特定海域人工鱼礁区科学合理的礁群（区）配置模式。①礁区布局应尽量与拟建礁海域的主流轴平行；②当单位礁群间距与单位礁群边长之比为 2.0 倍时，水体交换能力与单位礁群空间的利用效率均可得到较好的体现，是较为合理的礁群布局方式，能最大限度地发挥礁区的物理环境造成功能。

布局时除了考虑礁群的布局方向和单位礁群间距外，不同的布局形状其礁区的物理环境造成功能也有较大差异。天津渤海水产研究所专业技术人员采用计算流体力学（CFD）应用软件 Fluent，来模拟渤海湾四种人工鱼礁区礁群布局形状的流场效应，选择流场效应最大的礁群布局方式进行人工鱼礁礁区建设。

3. 人工鱼礁礁体生物附着技术研究

人工鱼礁礁体附着生物的研究可以为人工鱼礁构建中材料的选择提供数据参考，人工鱼礁投放后结合海洋环境因子对礁体的附着生物进行跟踪调查，从而对人工鱼礁的生态效益和经济效益进行评估，为人工鱼礁的建设和管理提供科学依据。其评估方法除了分析附着生物的种类组成、栖息密度、优势种、种群多样性指数的外，还可以采用对应分析（DCA）、典范对应分析（CCA）等方式研究礁体生物对环境、生物因子的响应规律，探讨附着生物与环境因子间的关系。

另外，随着生态学研究方法的创新，更多的新方法被应用于评估人工鱼礁附着生物生态效益,如熵值法、“埃三极能值”等。

4. 人工鱼礁对海洋生物的诱集效果研究

人工鱼礁是人们为了诱集并捕捞鱼类、保护增殖水产资源、改善水域环境、进行休闲渔业等活动而有意识地设置于预定水域的构造物,不但可以吸引和聚集鱼类,形成良好渔场,提高渔获量,且能保护产卵场,防止敌害对稚幼鱼的侵袭,同时可放养各种海珍品或放流优质鱼类而直接发挥增殖效果。鱼类与人工鱼礁的关系有各种不同说法,不同种类的鱼类对鱼礁的依赖性不同,不同类型人工鱼礁对同一种鱼类的生态诱集作用也有所差异。

对人工鱼礁集鱼效果的研究,主要是通过海上资源调查、潜水观察和模型试验等方式进行。

(三)关键设施设计与研制

海洋牧场建设需要以海水增养殖工程设施为技术手段和支撑,同时现代化的监测管理和安全保障设施都是构建现代化海洋牧场必不可少的组成部分。其主要设施包括资源关键中的工化苗种扩繁与养殖设施、池塘苗种扩繁与养殖设施、浮筏礁体设施海底人工设施、海洋生物驯化设施、水质环境和海洋生物监测设施、信息化管理设施等。

1. 浮标

海洋浮标系统通常由浮体、锚系、岸站接收装置和在线监测设备四部分组成。浮体主要是承载供电系统、各类在线监测仪器和信息传输设备;锚系土要用于固定浮标;岸站接收装置由数据采集与传输系统组成,用于接收数据信息;在线监测设备根据需要搭建,可监测指标有降水、风速、风向、气温、水温、海流、波浪、叶绿素、磷酸盐、硝酸盐、亚硝酸盐、氨氮、盐度、pH 值、溶解氧、水温、电导率等。

2. 潜标和海床基

潜杯和海床基能够长期自动测量海底水环境参数,从而能够与海面上的浮标观测系统形成互补,实现对海底和表层环境的立体观测。海洋潜标具有稳定、隐蔽和机动性好的特点。能够长期记录海底剖面的温度、盐度、pH 值、溶解氧、叶绿素、流速、流向等海洋环境数据。海床基观测系统是坐落在海底，对海流、温度、盐度、pH 值和溶解氧等参数进行定点、长期、连续测量的自动观测装置。目前其可搭载水下机器人，实现海底画面的实时监视，也可以通过添加通信模块，将近海海域海床基的数据实时传输到地面信息接收系统，进一步提高了海床基的监测效率。

3. 高频地波雷达

高频地波雷达作为一种新兴的海洋监测技术，具有超视距、大范围全天候以及低成本等优点，其机制是利用海洋表面对高频电磁波的阶散射和二阶散射原理，从返回的雷达波中提取波浪、风场和流场等海洋水文信息，对海洋水文环境等指标进行实时监测。因此，可在海洋牧场岸上无线电干扰较少的地点布设地波雷达，从而能够有效地监测牧场海洋环境。

4. 无人机

无人机利用无线电遥控设备和自备的程序控制装置操级，其可搭载高清摄像装置、遥感装置等，广泛用于空中侦察、监视、通信、反潜、电子干扰等。无人机可为全面了解海洋牧场的海域使用状况、赤潮等生态灾害监测提供影像数据支持，从而提高海洋牧场管理的效率与机动性；无人机还可用于海洋牧场生态灾害预警、预报和应急管理。在赤潮、浒苔、海冰、风暴湖等海洋灾害频发时段利用无人机加强对牧场海域的巡检，调查上述海洋灾害的分布范围和程度，进一步预测海洋灾害的走向并及时发布灾害预警。另外，还可以利用无人机获取的海洋牧场实时遥感影像，指挥赤潮和绿潮等消灾减灾任务。

5. 无人船

无人船与无人机相似，利用无线电遥控设备和自备的程序控制装置操纵，其可搭载多波速侧扫声呐、水质监测等设备，可在浅滩等不便船舶航行的水域实现监测。在海洋牧场中，其可以应用于人工鱼礁区海底地形地貌勘察、浅滩水环境监测等工作。

6. 多功能海洋牧场平台

多功能海洋牧场平台可搭载各种化学传感器、声学探测、视频监测设备，实现对牧场水质环境的实时在线监测。通过联合无人机和卫星遥感监测，可以构建“天—空—海—地”等多源观测体系，以及海洋生态牧场大数据采集和分析平台，实现对海洋牧场环境的实时预警，预报，完善海洋生态牧场可持续发展决策支持系统，为海洋生态牧场的理论构建提供实践基础。此外，可以通过开发平台在监测、管护、补给、安全、旅游、环保等方面的功能，将其应用于海上水质观测科研、海上养殖、海上旅游休闲、海上观光酒店、海上垂钓娱乐等各种领域。

五、智慧型海洋牧场

智慧海洋牧场是指在海洋牧场建设中引入物联网、传感器、云计算等新技术，在运行中高度智能化、数字化、网络化和可视化，从而具有更高生产效率、环境亲和度和抗风险能力的新型海洋牧场。工程化、信息化、自动化的养殖生产设施与技术，自动投喂、采捕、加工设备，水下监控与实时传输，控制系统等的出现，使得海洋牧场运营管理更加高效、科学、规范。

可视化：通过遍布海洋牧场各处及各生产环节的传感器和可视化界面或终端设备组成“物联网”，综合利用射频识别技术（Radio Frequency Idenifcation，RFID）、传感器、二维码等技术手段，实现对海洋牧场的全面感知。

网络化：将多个分散的海洋牧场和各牧场内部相对独立的人工鱼礁及其相关的传感器整合为一个具有良好协同处理能力的有机体，融合海洋牧场基础数据时空数据等，为海洋牧场运营提供智能化的基础设施。

数字化：将海洋牧场运行期间的所有数据精确量化，并汇总、积聚在统一的数字化存储设备中，从而更精确地记录。考核海洋牧场的运营状态，为实现智能化提供数据积累。

智能化：依托数字化积累的海洋牧场历史数据，构建数学模型，对海洋牧场运行状态进行科学的评估、模拟和预测，从而更好地修复海洋生态环境，防控生态风险，提高牧场生态效益和渔业产品质量。智能化是智慧海洋牧场的根本特征。

第三节 人工渔礁

将人工制造的一些构造物，如石块、淘汰的车船、废旧轮胎、钢筋混凝土等，投放到海洋中的某些适宜的地方，就形成了人工鱼礁。人工鱼礁建设需投入大量的资金，应争取多元化的投入机制。人工鱼礁有提高水域生产力、增殖优质种类的作用，同时又有非常显著的集鱼效果。人工鱼礁的集鱼效果使鱼群更易被捕捞，如果不能进行有效的管理，将会起到负面的效应，使鱼群更易因捕捞过度而衰退。在早期试验建造的许多人工鱼礁中，就曾出现过炸鱼和毒鱼的情况，不但破坏渔业资源，也破坏了人工鱼礁。因此，应根据不同类型的人工鱼礁，制定相应的管理方案，并进行严格管理，使人工鱼礁发挥其正面的效应。

一、人工鱼礁的基本功能

（一）促进海洋渔业产业结构调整

降低捕捞强度是目前广东省海洋渔业产业结构的重大调整的重中之重，要降低捕捞强度就要将现在在近海作业的部分渔船，特别是底拖网渔船实行调整一批、转移一批、淘汰一批的政策。建设人工鱼礁可充分利用被淘汰的废旧渔船，妥善地解决渔船的出路和渔民的就业问题，为调整、转移、淘汰一批渔船的政策提供了一个“软着陆”的环境，作为维护社会稳定的发展条件。

（三）促进和带动相关产业的发展

人工鱼礁的建设可与旅游业相结合，使渔业产值获得可观的增加值，还可以使部分被调整的渔船改装为垂钓游艇，缓解渔船转产出路和渔民就业问题。同时，由于在礁区作业主要是垂钓和刺网，这些渔具捕大留小，促进渔业资源良性循环。

（三）促进修复和改善海洋生态环境

人工鱼礁是整治海洋国土的重要和有效手段之一，通过营造礁区，增加生物覆盖，诱集和聚集鱼类等在礁区觅食、繁殖、栖息，初级生产力和次级生产力大大增加，成为海上人工牧场和近海渔场，使原来的“沙漠”变为“绿洲”，促进修复和改善海洋生态环境，促进海洋生态环境良性循环。

（四）拯救珍稀濒危生物和保护生物多样性

人工鱼礁建设可与保护珍稀濒危生物、保护物种多样性相结合；与海洋保护区和水产自然保护区的建设相结合；与人工增殖放流渔场建设相结合，这将为幼稚鱼提供庇护所，将大大提高幼稚鱼的成活率，提高人工增殖放流效果。

（五）诱集海洋生物

人工鱼礁投放后，鱼礁堆放改变了原来海水流态，在海流、湖汐、波浪等的作用下形成上升流，使水体上下混合或形成涡流，上升流将底层的营养盐带到水体表层，使得表层浮游植物丰度、多样性升高，这样促进了海底营养盐循环和浮游生物繁殖；浮鱼礁和底层鱼礁产生的阴影效应对于鱼类等聚集产生促进作用；鱼礁表面能够附着藻类、贝类、黏性鱼卵和乌贼卵等，岩礁性优质高值鱼类大量聚集鱼礁附近；鱼礁周围生物分泌物和鱼礁材质在水中释放的水溶性物质等可吸引嗅觉敏锐海洋动物趋礁；海水因鱼礁涡动产生的音响为礁外鱼类等趋礁指明了路径。总之，人工鱼礁之所以能诱集大量鱼类等海洋生物，是由于鱼礁所形成的环境有利于海洋生物的生存和繁衍，是由于鱼类等海洋生物的趋性（趋光、趋化、趋流、趋触等）和本能所决定的。

（六）保护海洋生物

人工鱼礁结构复杂，孔隙、洞穴繁多，可为各种鱼类提供栖息场所，成为洄游性或底栖性鱼类摄食、避敌、定居和繁殖的适宜场所。人工鱼礁设置还能起到防止底拖网作业和滥捕行为，能够有效保护海洋生物资源。

二、人工鱼礁分类

人工鱼礁因其形状、材质、功能、投放水域等不同,分类方法多样。

(1)按鱼礁结构和形状划分。可划分为箱形鱼礁、十字形鱼礁、米字形鱼礁、回字形鱼礁、三角形鱼礁、圆台形鱼礁、框架形鱼礁、梯形鱼礁、塔形鱼礁、船形鱼礁、半球形鱼礁、星形鱼礁和组合形鱼礁等。

(2)按鱼礁材质划分。可划分为石料鱼礁、木竹鱼礁、牡蛎壳鱼礁、混凝土鱼礁、钢制鱼礁、塑料鱼礁、汽车和轮胎等废旧材料鱼礁和混合型鱼礁等。

(3)按适宜投礁水深划分。可划分为浅海养殖鱼礁、近海增殖鱼礁和外海增殖鱼礁。浅海养殖鱼礁投放在水深 2~9 m 沿岸浅海,是以养殖为主的小型人工鱼礁,如海藻礁、鲍鱼礁、海胆礁、养蚝礁和游钓鱼礁等。近海增殖鱼礁投放在水深 1~30 m 近海,是用以保护幼鱼或渔获为目的的各种鱼礁。外海增殖鱼礁投放在水深 40~99 m 外海水域,是以渔获为目的的各种类型的鱼礁,包括浮式鱼礁。

(4)按鱼礁所处水层划分。可划分为表层浮鱼礁、中层浮鱼礁和底层鱼礁。表层浮鱼礁的浮体设置在海面上,用系泊缆绳(呈悬链状)、锚固定其位置。中层浮鱼礁的浮体设置在海水中层,用浮体、系泊缆绳、锚固定其位置。底层鱼礁是依靠礁体自重或配置一定量重物后沉放海底。

(5)按建礁目的或鱼礁功能划分。可划分为养殖型鱼礁、幼鱼保护型鱼礁、增殖型鱼礁、渔获型鱼礁、避敌礁、产卵礁、游钓型鱼礁、上升流礁、环境改善型鱼礁、防波堤构造型鱼礁等。养殖型鱼礁就是用于养殖,如鲍鱼礁、海参礁和海藻礁等,鲍鱼礁和海参礁等统称为海珍礁。幼鱼保护型鱼礁用于保护幼鱼,鱼礁内部隔墙开孔小于鱼礁外层开孔,避敌害和风浪等。增殖型鱼礁用于增殖海洋水产资源、改善鱼类等种群结构,包括能适应鱼类等产卵的产卵礁。渔获型鱼礁用于提高渔获量,投放于鱼类洄游通道上诱集鱼类形成渔场,大型礁体至少 3 m×3 m×3 m,以利于提高其诱集效果;为诱集上层鱼类,一般可在水深 25~50 m 甚至更深水域、海面下 5~10 m 处设置高 3~10 m 浮式鱼礁。避敌礁用于鱼类等躲避敌害追击捕食,礁体外围小孔较多且不易于敌害进入。产卵礁是专为鱼类等产卵所设,要求表面积大且利于鱼卵等存活。游钓型鱼礁用于休闲旅游垂钓,半球形,外表光滑以免绊住钓钩或钓线。上升流礁通常设置在流速较大的海域及礁群外围用于改变流场,即变水平流为上升流,将海底营养物质涌升至上层海域。环境改善型鱼礁用于种植大型海藻产生海藻场效应,缓解海水富营养化等。防波堤构造型鱼礁用于防波护堤,可在防波堤、渔港或码头等处设置。

三、人工鱼礁设计

(一)人工鱼礁礁体结构设计的依据

针对人工鱼礁投放水域状况和诱集鱼类等海洋生物的功能,在鱼礁设计时遵循以下要求。

1. 结合流体力学进行礁体设计

礁体形状对局部流有明显影响,波浪和海流所造成的沉积物冲刷作用等使礁体出现不稳定和沉陷等,直接影响礁体功能和使用年限,甚至造成航道堵塞,因此鱼礁结构设计时要充分考虑波浪和海流的作用。

2. 结合生物因素进行礁体设计

(1)附着生物状况影响礁体设计,附着生物是人工鱼礁最主要的生物环境因子,同时也是人工鱼礁渔业对象的主要饵料生物,礁体不同部位生物附着状况不同,因此在礁体结构设计时应该考虑附着生物因素。但是,不论是哪种筑礁材料,礁体下水后均会附着生物体,因此认为对礁体结构设计影响较大的还是海洋动物行为。

(2)海洋动物行为影响礁体设计,礁体设计要保证主要目标物种的增殖,例如根据鱼群与鱼礁的相对位置,鱼礁内外的鱼类通常分为 3 种类型,栖息于鱼礁内部或鱼礁空隙之中;在鱼礁周围游泳或在海底栖息;需借助投放固形物来定位的鱼类。因此,对于以鱼礁为栖息地的鱼种而言,适合鱼体现状和大小的鱼礁空原非常重要;对于索饵和海底栖息鱼种则以全潮时为鱼礁的设置条件;对于表中层鱼种,则要求鱼礁有足够高度和产生流体声音等特征。总之,鱼礁结构设计时要充分考虑鱼类多样化的趋性,根据空间异质性理论,空间异质性程度越高,意味若有更多的小生境,能够维持更多的种类共存。因此,随着礁体的复杂多样化,在一定程度上可提高鱼类的多样性。

3. 结合几何要素进行礁体配置设计

投放人工鱼礁组成鱼礁渔场时,要根据特定海域礁区环境、生物特征、渔具渔法等多方面特征确定礁高水深比和能充分发挥鱼礁功能的礁体配置规模等参数的较适值范围、制定人工鱼礁的优化组合方案和配置规模大小以及礁区的整体布局模式。目前我国的鱼礁配置和鱼礁高度相关,一般是将礁体高度的10~15倍作为鱼礁的间距。

(二)人工鱼礁礁体(鱼礁单体)结构设计的基本原则

根据人工鱼礁礁体设计的依据,提出如下设计原则。

1. 礁体足够稳定

礁体投入海域后,稳定性是其发挥功能的基础,由于投礁海域底质、潮流和波浪等因素导致礁体滑移、倾倒、翻滚、沉陷等影响其功能发挥。有调查结果显示,波浪过大情况下,被放置在333 m水深海域的小型鱼礁移动距离可达1~2 km,鱼礁材料的质地和组成也能影响到其稳定性,如鱼礁材料和海水发生化学反应所产生的腐化往往能够导致鱼礁材料的不稳定。当礁体投放后触底时的冲击力过大时可能导致礁体受到结构性损坏。因此,礁体设计时要增强礁体稳定性。

2. 礁体质地优良

一方面要保障礁体质量使用材料安全、无污染、经济耐久,不至于在搬运、堆积、组合、投放等过程中严重受损,不应在海水中释放、扩散有害物质,保障必要的使用年限;另一方面要求礁体透水性充分,礁体透水性强度一定程度上决定了礁体表面利用的有效性,透水性强有利于礁体表面固着生物的养分供应。

3. 礁体大小适宜

实际操作中,通常根据投礁海域海况、水深、底质、海上交通、礁体材料资源状况和礁体功能等实际情况综合考虑礁体大小,如国内通常确定礁体高度为水深的1/10~1/5或1/10~1/3。

4. 礁体结构合理

一方面要增大礁体有效表面积,有效表面积增大更利于相关生物附着进而诱集海洋动物趋礁;另一方面要求礁体透空性良好,礁体透空性强度决定了礁体的空间异质性,良好的透空性有利于增加诱集生物的种类和数量。此外,礁体单体结构和组合结构还要满足不易离散、适宜使用特定的渔具或限制使用的渔具等要求。

四、人工鱼礁渔场建设的实施步骤

人工鱼礁建设是一项复杂的系统工程,涉及材料科学海洋动力学、海洋生态学、鱼类行为学、渔业资源学、渔业工程学、水工设计及相关学科。通过前期全面调查和各种模拟试验,设计并制作人工鱼礁后,将其在适当海域投放、配置和布局是人工鱼礁建设的重要环节。

(一)礁址选择

投礁区首先必须符合国家和地方政府的海洋功能区划和建设规划及有关法律和法规等的规定,在此基础上进行科学选址。

礁区水质对于生物的生长和繁殖有重要的影响。海水深度影响海水温度和光照条件,进而影响海洋生物的光合作用和呼吸作用。礁区底质状况影响礁体稳定性、使用寿命和功能的正常发挥。流速越大海底冲淤现象越明显,投礁海域流速一般以不超过 0.8m/s 为宜。海洋生物要考虑两个方面,一是不要破坏投礁海域原有海洋生物群落结构;二是要充分考虑投礁增殖对象的适宜生活环境条件。除此以外,还要注意避开航道、锚地、海底管道和电缆、军事活动区、排污口、海洋倾倒区等投放人工鱼礁。

礁体投放前要进行礁体安装,即将选定的鱼礁材料作为构件进行恰当的组合连接,使其成为一个整体结构。船载安装好的礁体到达 GPS 定位的投放位置后开始投礁。为了安全施工,尽量选择小潮和平潮时间段投放礁体,投放时必须慢起轻放,严防礁体碰撞破损,且在 6 级风以上停止作业。

(二)礁体的材料选择

用于建造人工鱼礁的材料种类繁多,如贝壳、石块、竹子等天然材料,一般不会对海洋环境造成污染,但可塑性和耐久性较差;废旧的汽车、船只、轮胎等废弃材料要通过清洗和改造,尽可能减少其对海洋环境带来的负面影响,而且还可实现废物利用;泡沫塑料、聚乙烯网片等材料制成的鱼礁,大多应用于浮式鱼礁;水泥礁、钢筋混凝土等人造材料,可制成各种不同形状的礁体,适用于多种状况下的海域,牢固耐用。

礁体材料的选择将直接影响礁体的结构特征和礁区生物的增养殖效果。因此,在选择礁体材料时,不仅要考虑鱼群聚集的效果,还要考虑增殖和优化渔业资源、修复和改善海洋生态环境、带动旅游及相关产业发展、拯救珍稀濒危生物、保护生物多样性等促进海洋经济持续健康发展的诸多方面。

礁体的形状对礁体效果的发挥至关重要,首先要考虑到海洋生物的栖息、附着特性,充分增大礁体表面积,以利于固着生物尽量多地附着生长;其次鱼礁的设计还要考虑其透空性、透水性,以利于游泳生物的活动,以及保证鱼礁中间水流的交换;当然还要考虑海流、风浪等水动力学以及底质地貌特征,以确保礁体的稳定性,减少淤泥堆埋所造成的损失。

第四节　增殖放流

海洋生物资源增殖放流(Stock enhancement)是一项通过向特定海域投放鱼、虾、蟹和贝类等亲体、人工繁有种苗或暂养的野生种苗来恢复海洋生物资源、改善海域生态环境、保护海洋生物多样性、提高渔民收入、维护渔区社会稳定的重要手段。目前,实施海洋生物资源增殖放流是最直接、最根本的海洋生物资源恢复措施。为缓解海洋渔业资源衰退状况,海洋渔业资源增殖放流成为最早的海洋生物资源增殖放流形式。

一、增殖放流的意义

1. 增殖放流将对渔业资源恢复发挥重要作用

增殖放流将渔业资源种类初期损耗极大的部分置于人类的管理之下,在保护、培育以后放流于自然界,以谋求增大资源、增大生产量。渔业资源种类在生活史过程中的死亡高峰期,是处在产卵以后的幼体、仔稚鱼期,人工增殖放流的苗种经过人工培育,避过了在自然环境中的死亡高峰阶段,能非常高效地补充渔业资源的补充群体。若能一方面增殖放流,恢复渔业资源的数量特别是衰退极为明显的优质品种的资源数量,一方面合理捕捞,就能使渔业资源永久延续,产量和产值就能自然、稳定地增长。开展渔业资源增殖放流工作对于恢复渔业资源和提高产量产值作用重大,具有重大的现实意义和长远的历史意义。

2. 可以更好地改善海洋生态环境

持续开展渔业资源尤其是贝藻类及滤食性鱼类增殖放流,有利于明显改善近海和内陆水域生态环境、净化水质,并有效吸收空气中的二氧化碳(即“渔业碳汇”)。

3. 可以恢复渔业资源,促进生态系统平衡

渔业资源增殖放流是国际通行的修复渔业资源的重要途径之一,通过增殖放流,可以积极主动地恢复已经衰退的水生生物资源,恢复天然水域渔业资源种群数量,改善鱼类的群落结构,维护生物多样性,保持生态平衡,为渔业和渔区经济的可持续发展奠定基础。

4. 可以为渔民增加收益

据科研部门测算,增殖放流直接的投入产出比约为 1 : 8,加上其他相关效益,总投入产出比约为 1 : 10 以上,经济效益十分显著,可以直接增加捕捞渔民的收益,有助于渔区社会的和谐稳定,使渔民共享社会进步成果。通过增殖放流,带动水产苗种繁育、仓储运输、水产加工的发展,推动渔业休闲、垂钓、观赏、餐饮、会务、度假、体验渔家乐、渔业科普教育的发展,为渔民转产转业拓宽就业领域。

二、增殖放流海域和地点选择

选择和营造优越的放流渔场是增殖放流的必要条件。放流后的苗种成活率除了取决于种苗本身的质量外,放流渔场的生态条件是至关重要的。因此,必须认真选择和大力营造良好放流渔场,使放流种苗有合适的、充足的饵料生物和躲避敌害的必要条件。

(一)增殖放流海域和增殖放流地点选择原则

(1)水生生物资源衰退严重或生态荒漠化严重的重要增殖放流海域。

(2)渔民转产转业重点地区。

(3)放流海域适宜投放品种生长发育至成熟。

(4)已投放人工鱼礁的海域。

(5)点面结合,恢复海洋渔业资源。

(二)增殖放流地点应具备的条件

(1)水域污染(包括工业污染、城市污染等)少。

(2)水流(包括海流、潮流)缓和。

(3)基础饵料丰富,适宜幼鱼生长。

(4)远离定置作业区。

(5)靠近港口码头,利于增殖放流工作开展。

三、增殖放流品种选择

选择合适的放流品种,提高人工放流种苗的质量,是提高增殖效果关键所在。人工增殖放流效果的高低取决于放流后种苗的成活率,而成活率又取决于放流种苗的质量。在实施人工放流增殖时,要充分考虑放流海域的生态特点和种类结构,选择适当的生物品种,以保护生物的多样性。

(一)增殖放流品种选择原则

(1)以重要的、洄游性的经济水生生物物种以及对资源水域生态修复具有重要作用的水生生物物种为主,包括国家确定的广布种、区域种和地方特有种,以海水鱼类、虾类等为主。

(2)放流苗种选择应为符合《水生生物增殖放流管理规定》(农业部令第 20 号)的本地种或子一代,为本地原种或子一代的苗种或亲体。

(3)能大批量人工育苗。

(4)适应放流海域生态环境且生势良好。

(5)海域自然生态状况中曾经拥有的种类,在资源结构中明显低于自然生态状况中的比例,资源衰退难以自然恢复。

(二)放流苗种的管理措施

(1)苗种规格。鱼类苗种规格应在 3 cm 以上,虾苗规格应在 1 cm 以上。

(2)放流苗种鉴定。放流苗种必须经过水产病害防治中心及有关市、县水产病害防治中心的种质鉴定和检验检疫并在放流实施前出具有关报告。

(3)放流苗种运输。放流苗种按各放流地点规定的放流数量运输到各放流地点进行中间培育。苗种运输应基于安全、快捷、便利,且追求低成本。鱼苗在搬动运输后,常温下用漂白粉溶液 1.5×10^{-5}(每立方米水用 15 g 漂白粉)浸洗 5~10 min。虾类苗种搬动运输后,在常温下用福尔马林溶液 1×10^{-4}(每立方米水用 100 mL 福尔马林)浸泡 1 min。

四、加强和优化人工增殖管理

正确处理好眼前利益与长远利益的关系、经济效益与生态效益的关系、增殖保护与开发利用的关系、整体与局部的关系,形成推进水生生物资源增殖放流与生态环境保护工作的整体合力。

(一)加强增殖放流跟踪监测和效果评估

加强水生生物资源增殖放流效果跟踪监测和效果评估,研究放流品种的存活数量、回捕率等,评估增殖放流的实施效果,为水生生物资源的管理、保护、开发利用和以后的增殖放流工作提供必要的资料和科学决策依据。加强对敏感水域、敏感种类,特别是珍稀濒危保护物种的监测、监督管理和保护。进一步加强水生生物资源监测、管理体系建设,建立并完善增殖放流水域水生生物资源监测、生态灾害监测、渔业信息网络、资源开发预警预报和事故应急监测等监测监视和预警预报体系,逐步实现决策科学化、组织网络化、运作程序化、技术规范化、方法标准化、监测立体化、监控自动化、结果可视化、质控系统化、监管信息化,全面提高水生生物资源增殖放流与生态环境保护的现代化管理水平和工作成效。

建立增殖放流动态管理机制。每年根据水生生物种类的人工繁殖技术进展、增殖放流种类的资源恢复程度等实际情况,在总体规划框架下对增殖放流种类及数量进行适当调整,以适应增殖放流形势的发展,充分发挥增殖放流的实施效果。

(二)加强渔政监督管理,加大依法保护力度

加强水生生物资源增殖放流工作的组织建设,健全渔政监督管理机构设置,建设一支政治与业务素质高、保障能力强的渔政监督管理机构和队伍,优化执法装备建设,提高执法实力和水准。强化渔政监督管理机构的职能,加大依法保护和从严执法的管理力度。理顺各增殖放流区域与整个区域联动管理体制,建立水生生物资源增殖放流的统一监管机制和管理办法。在增殖放流水域采取划定禁渔区、确定禁渔期等保护措施,开展增殖放流水域统一执法、联合执法工作,严厉打击和依法查处滥捕滥采及破坏海洋生态系统的一切违法违规行为。实施严格的违规处罚制度和渔业资源赔偿制度,对于蓄意违反规定的单位和项目,要予以严厉的行政和经济处罚。在水生生物资源增殖放流中要保证放流的生态安全性,严格控制放流品种和来源。

(三)提高人工放流种苗的质量,提高增殖效果

人工增殖放流效果的高低取决于放流后种苗的成活率,而成活率又取决于放流种苗的质量。为了适应放流后生存环境的变化,要不断地改善和提高种苗生产技术,生产健壮的变异畸形少的种苗,而且还要通过中间培育培养大规格种苗和进行适当的野化训练,以提高放流种苗的成活率。另外,过去的放流品种较单一 ,特别是海水鱼类品种比较少。今

后，在实施人工放流增殖时，要充分考虑放流海域的生态特点和种类结构，选择适当的生物品种，以保护生物的多样性。

（四）选择和营造优越的放流渔场

放流后的苗种成活率除了取决于种苗本身的质量外，放流渔场的生态条件是至关重要的。因此，必须认真选择和大力营造良好放流渔场，使放流种苗有合适的、充足的饵料生物和躲避敌害的必要条件。因此，放流渔场应与人工鱼礁建设相结合，与水产自然保护区建设相结合，与幼鱼幼虾保护区建设相结合，与产卵场保护和建设相结合，以促进渔业资源的有效恢复。

第五节　不同渔业资源恢复技术

海洋生态系统是人类生存的重要支持系统，提供了对人类生存具有重要意义的各种服务，如食物、药物和其他资源的供给。在合理的限度内从海洋生态系统中获取资源并不会对海洋生态系统产生显著的不利影响，资源种群本身的调节能力能够维持合理的种群数量及群落结构。在自然恢复与人类索取之间寻求平衡点，是可持续利用自然资源的关键。

一、鱼类资源恢复方法与技术

自20世纪90年代中期以来，我国海洋捕捞业一直处于负增长状态，恢复鱼类资源已成为关系到国计民生的紧迫需求。到目前为止，我国除了划定国家级水产种质资源保护区并加强对其管理外，还采取了多种措施进行水域生态恢复，常用方法有设置休渔区和休渔期、增殖放流、建设人工鱼礁和海上牧场等。

（一）建立休渔区和休渔期

针对主要渔业经济品种的产卵场、索饵场、洄游通道等主要栖息繁衍场所以及繁殖期和幼鱼生长期等关键生长阶段，设立禁渔区和禁渔期，对其产卵群体和补充群体进行重点保护。休渔（fishing moratorium）是为了让海洋中的鱼类有充足的繁殖和生长时间，每年在规定的时间内，禁止任何人在规定的海域内开展捕捞作业。在各休渔区，休渔的起止时间根据主要保护对象由政府渔业主管机构确定和发布。它根据水生经济品种的生长、繁殖等习性。在其繁殖、幼苗生长时间设置休渔期（fishing off season），即禁渔期。该举措能够保护主要经济鱼类，使海洋渔业资源得到有效恢复，具有明显的生态效益。

休渔期不会造成捕捞业的经济损失，因为休渔期间渔船停航，降低了生产成本，而且休渔期后的渔获产量增加，渔获物规格和质量提高。休渔期后渔民的经济收益非但不会下降，反而在正常情况下都会有所提高。

（1）休渔海域。我国休渔海域包括渤海、黄海、东海及北纬12°以北的南海（含北部湾）海域。

（2）休渔作业类型。休渔作业并非禁止一切形式的渔业活动，而是根据需要对渔业活动进行不同程度的限制。

（3）休渔作业时间。由于各海域环境条件及渔业资源的差异，不同海域休渔时间有所不同，不同时间对作业类型的限制也有差异。

（二）增殖放流

渔业资源增殖放流的品种主要选用本地种或者子一代苗种，禁止向天然水域中放流转基因种、杂交种以及种质不纯的种苗。放流种苗的规格包括当年生小苗、隔年生幼鱼以及成年繁殖亲本等。根据具体需要选择合适的种苗。当可选择范围较广时，应考虑种苗的存活率与放流成本。

（三）人工鱼礁

人工鱼礁（artificial fish reef）是人工设置的诱使鱼类聚集、栖息的海底堆积物。可作为水下障碍物，用以限制某些渔具在禁渔区内作业，从而利于水产资源的保护。人工鱼礁还包括以锚、碇固定于海底而设置浮体于水域中层或表层的浮鱼礁，专用于诱集大中型中上层鱼类。在沿岸浅水区设置的用于增殖鲍鱼、龙虾、海参和藻类的人工礁，通常也归于广义的人工鱼礁范畴内。

（四）底播增殖技术

自然底播增殖技术主要分为移植亲参和放流苗种两种。其中放流苗种为修复海参资源的主要手段。

1. 投放地点选择

（1）底质条件。底播增殖选择浅海岩礁区，坡度较缓。随岩礁区向海中延伸，礁石分布可能逐渐减少，可进行补充性投石或海底爆破筑礁。

（2）水体条件。放流海区盐度 31.0~31.5，pH 及溶解氧含量正常，透明度 1.5~3.0 m，水质洁净，无大量淡水注入。

（3）饵料种类。放流海区应具有饵料种类，如鼠尾藻（*Sarassum thunbergii*）、大叶藻（*Zostera marina*）等。

（4）敌害生物。由于放流海区有可能存在如海车盘（*Asterias rollestoni*）、马粪海胆（*Hemicentrotus pulcherrimus*）等敌害生物，放流前应实地考察并通过实验等方法确定敌害生物是否会对增殖放流活动构成巨大危害。如构成危害，应尽量清除敌害生物。

2. 投放时间选择

增殖放流时间一般选择在春季 3~4 月或秋季的 10 月至翌年 1 月，水温在 7~10 ℃比较适宜。

3. 苗种选择

放流的苗种应是原种或是经过人工繁育的苗种，并确保种苗健康。增殖用参苗应身体强壮，活动频繁，以抵御不良的环境和敌害生物。

4. 增殖放流

选用经人工越冬后体长在 8~10 cm 的参苗，按 8~9 m^3 的密度投放。

5. 日常管理

日常管理主要是每天测量水温，以及由潜水员定期潜水观测刺参的生长情况、摄食活动情况、分布密度，及时清除敌害生物等，为刺参生长建立良好的生活环境。一般应采取以下措施。①定时监测。每 10 日检查刺参的生长及成活情况、摄食活动情况、分布密度，并做好记录。如有条件，可进行水质分析。②看护。预防污染、盗窃以及其他自然灾害发生。③投饵。定期监测饵料情况，可向放流海区投入海藻等饵料生物。

二、虾类资源恢复方法与技术

我国海域虾类资源丰富，但由于环境污染、过度捕捞等原因，虾类资源衰退。中国明对虾(*Fenneropenaeus Chinensis*)曾经是我国北方渔业的支柱。自 20 世纪 80 年代中国明对虾产量下降起，我国开始对中国明对虾进行增殖放流以达到恢复传统渔业资源、改善水域生态环境的目的。目前，中国明对虾的增殖放流工作在辽宁、山东等省份已取得较好的效果。对虾的育苗和增殖放流技术以及有效的渔政管理是恢复中国明对虾资源的关键。

(一) 对虾放流种苗的获得

对虾放流种苗的获得以人工育苗为主。对虾人工育苗形式，各地有异。大致有以下几种。

1. 网箱育苗

亲虾产卵、孵化与幼体培育均在网箱内进行。

(1) 网箱的规格及要求。以 80 目尼龙筛绢网片制成无盖网箱，把网箱浮于水池中(水泥池或土池)，水深在 1 m 以上，水流畅通。网箱置于木条制成的箱架中固定，箱架浮于水面，随水位升降。网箱上沿浮于水面 20 cm 箱底不贴于池底。网箱间连接固定，防止翻覆。网箱与水池均以消毒剂严格消毒。

(2) 育苗。亲虾消毒后入箱、进行产卵。产卵后捞出亲虾及残饵。育苗期间保持海水畅通，按规定时间换箱。无节幼体 1~5 期，可以在网箱内渡过，至无节幼体 6 期可翻箱入池。

2. 室内水泥池育苗

水泥池工厂化育苗是我国沿海多省市普遍采用的方法,具体育苗方法同网箱育苗。但应注意厂房以透光率为70%的玻璃钢瓦覆盖,防风、保温与采光性能好。室内建成大小不等的水泥育苗池,水体一般为20~30 m^2,最大不超过40 m^2,池深1.5~2.0 m。采用人工饵料与自然饵料相结合的方法育苗幼体成活率高。

3. 室内玻璃纤维水槽育苗

育苗方法同网箱育苗。室内建筑与工厂化育苗一样,房顶以透光率为70%的玻璃钢瓦覆盖,配有适宜的通风设备,保持室内空气流通。室内以大量的小型聚酯纤维和玻璃纤维水槽组成。整个对虾育苗过程中,从亲虾产卵到幼体培育乃至饵料培育均用这种类型的水槽。每个育苗槽呈筒形,高1.5~2.3 m,直径2~3 m。槽底为圆锥形,中心里漏斗状槽底均向中心部倾斜,池中央最低处有5~10 cm的回孔,该孔与槽外L形活动竖管相通,用以排污水及出苗。为防止换水时幼体流出,在池底出苗孔上装一根多孔塑管,管上包扎尼龙筛绢套。按幼体大小灵活调整筛织的网孔规格,如无节幼体期80目,强壮幼体期70目,糠虾期至仔虾期50~60目。一般使用电热棒或红外线辐射板提供热量,控制槽内水体温度。

(二)对虾的放流与运输

对虾的放流应考虑海区底质、水体状况、生态环境条件、敌害等因素。海区底质以泥沙质为最佳,生态环境条件稳定,敌害生物少且饵料生物丰富,盐度为23~27, pH值及溶解氧含量正常,水温16~20 ℃,放流区域水质应符合渔业水质要求,适宜对虾种苗的生长。

放流时间与开捕日期均不得过早或太迟。若放流时间过早,海区水温低,容易造成仔虾种苗死亡。放流时间太迟,种苗在湾内索饵生长时间短,虾体达不到商品规格,影响放流增殖效果。开捕日期太早或过迟也会影响回捕效果。通常情况下。北方海域仔虾种苗放流适宜时间为每年5月中旬至6月中旬,南方海域为4月中旬到5月中旬。放流的对虾种苗应包含未经中间暂养培育的小规格仔虾(10~15 mm)、经中间暂养培育的中小规格仔虾(24.0~26.3 mm)以及大规格幼虾种苗

(31.2~42.2 mm),其中小规格仔虾占大多数。

出苗装袋尽量避免对虾体造成机械损伤。塑料袋中装进新鲜海水并充氧保证虾苗存活。放流应选择天气晴朗、风浪较小的夜间或凌晨时的高潮间隙实施。放流时船舶需缓慢行驶,与岸线保持一定的距离,将虾苗袋口贴近水面,慢慢倾入水中以避免冲击对种苗造成伤害。大规格苗种建议采取直接提闸排放方式放流。

三、贝类资源恢复方法与技术

贝类营养丰富,味道鲜美,富含蛋白质、多种维生素以及矿物质等,为人们所喜爱。近年来,市场对于贝类的需求急则增加,贝类资源开发过度。污染物入海量增加,导致水域生产力下降,生态环境不断恶化。滩涂贝类在我国经济贝类中占有重要的地位,其主要经济种类包括蚶类、蛤类、牡蛎等。滩涂贝类一般具有营养丰富,味道鲜美等特点。随着经济的发展以及人们生活水平的提高,国内外市场对于滩涂贝类的需求量不断增加。这导致了一些滩涂贝类生物量急剧减少。如何恢复这些种类的生物量成为当前重要的课题。

(一)魁蚶底播增殖方法与技术

魁蚶,也称血贝、赤贝、大毛蚶等,广泛分布于我国沿海,其中黄海北部资源最为丰富,市场前景广阔,是我国重要的经济贝类。由于魁蚶为底栖性贝类,筏式养殖效果不甚理想,成活率较低,但是底播增殖恢复魁蚶资源效果较好。在辽宁、山东等地都已取得了较好的经济效益以及社会效益。

1. 魁蚶种苗获得

魁蚶种苗主要通过人工育苗获得,具体步骤如下:

(1)亲蚶采捕及促熟。

在自然海区水温 16 ℃时,人工采捕壳高 8 cm 左右、壳表完整,无病原生物感染的 4 龄蚶作为亲蚶。亲蚶置于室内水池中采用浮动竹管网箱暂养,暂养密度为 50 个 /m^3。水温采用半升温法,从 14 ℃按每日升 1 ℃的速度,缓慢升至 21 ℃,之后亲蚶在 21 ℃水温下恒温培育。每日投饵,约 20 d。为了促进亲蚶成熟,要求每天早晨倒池一次。中间换水 1/3~1/2，保持池水清澈，并且不间断地向水池内充气，保持溶解氧充沛。为促进亲蚶生殖腺发育，促熟过程中要求不断加大投饵量，并提高饵料质量。

（2）采卵及孵化。

①采卵。魁蚶雌雄异体，雌雄个体在外观上难以区分。在雌雄混养情况下，雄贝先排精，在精液的诱导下雌贝开始排卵。为了减少精子数量，提高受精率和保持水质，要及时拣出雄贝，使雄、雌贝比例达到 10：1 即可。雌贝个体的产卵量在 5×10^5 个左右。产卵适宜水温在 21~22 ℃。当水中卵的密度达到 40~60 个 /mL 时，要及时将亲蚶移入另池继续产卵、排精，并用虹吸法分池。此过程中需要不断加水和充气。并及时去除水体表面含有大量精液的泡沫。

②孵化。孵化密度为 40~60 个 /mL；最后一次洗卵后，逐渐加水孵化；孵化出 D 形幼虫时，及时选育健壮幼虫培养。

（3）幼体培育。

幼体培养密度以 7~14 个 /mL 为宜。投放饵料为金藻、小球藻、硅藻、肩藻。水温保持在 22~26 ℃。光照强度不宜过强，为 200 lx，否则幼虫分布不均匀。每天换水两次，每次换 1/3~1/2，4~5 d 倒池一次。幼虫成熟时倒池采苗。

幼虫长到壳长 240 μm 时，足形成，眼点和鳃原基出现，此时应及时采苗。魁蚶魁蚶幼虫附着后，加大换水量及投饵量，后期可以间隔流水培育。壳长 1 mm 左右时即可出池。二次培育过程中调整光照，使之接近自然光照。对稚贝进行流水锻炼，使之附着牢固。

出池后需进行中间培养，第一周避免扰动，以后要及时刷网清除浮泥和附着物，疏通水流更换网。壳长 3 mm 左右更换 16 目或 20 目网，6~7 mm 转入 8 目育成笼育成。底播增殖苗种应选用壳长 1.5cm 以上苗种，以 2.5~3.0 cm 为佳。苗种个体越大，潜泥速度越快，成活率越高，回捕率越高，但种苗成本也越高。运输要防风干、防雨淋、防日晒、露空时间尽量短，及时挂到育成筏上。

2. 魁蚶底播增殖区的选择

魁蚶底播增殖区的选择应遵循以下原则。

（1）潮流畅通，风浪较小。水深 3 m 以上，水温周年低于 25 ℃，溶解氧饱和度 80% 以上，盐度 30 左右。

（2）底质为软泥、泥沙，硫化合物及有机耗氧量须符合增养殖底质标准。

（3）底播增殖海区饵料丰富。

（4）清除底播增殖海区魁蚶的敌害生物，如海星、沙蚕、海盘车、梭子蟹等。

3. 魁蚶底播时间的选择

魁蚶底播一般在春秋两季进行为宜，避免在寒冷冬季或炎热夏季进行，以免影响成活率以及下潜，最终影响回捕。应选择小汛期的平流时进行底播增殖。

4. 魁蚶底播

底播增殖的适宜密度根据放流区域饵料生物丰富程度、种苗大小。放流苗种的基础密度以及海区情况而定。密度过小，会降低增殖效果；反之，会影响魁蚶正常生长速度以及底播增殖效果。

（1）水上播苗法。把蚶苗通过舢板直接撒播入增殖海区的水面上，让蚶苗自动沉入海底。此方法比较方便，适于底播增殖面积大的海区，但播苗准确性差，一般要求在平流播苗。

（2）水下播苗法。潜水员潜入水下，按要求密度将苗种均匀撒播在海底，此方法难度较大，但具有较好的播苗效果。

5. 后续管理与监测评估

魁蚶底播增殖的海上管理工作非常重要。完成底播增殖作业后，需要定期监测放流海区水质情况，取样测量放流魁蚶苗生长情况。可以通过浅水捡捕法、诱集法及拖网法等方法定期清除敌害生物，加强管理，防止偷盗。

底播 1 cm 以上的魁蚶苗，2 年后，一般长到壳长 6~7 cm，体重 60~80 g 即可组织采捕。收获时间为 11 月和 4 月。采大留小，同时清除敌害生物。采捕结束可进行下一周期的底播增殖。

（二）文蛤资源管护方法与技术

文蛤（*Meretrix meretrix*）又被称作花蛤、黄蛤等，营养价值很高，其中蛋白质占 10%、脂肪占 1.2%、碳水化合物占 2.5%，并含有钙、磷、铁、维生素等。文蛤地理分布广泛，日本、朝鲜及我国沿海分布较多。我国辽宁营口市沿海、山东莱州湾沿海、江苏南部沿海、台湾西部沿海、广西壮族自治区合浦西部沿海资源最为丰富，是我国文蛤主要产区。近些年来，由于文蛤富含营养、肉质鲜美，为人们所喜爱，国内外市场对于文蛤的需求日益增加，而文蛤资源遭到破坏。由于文蛤生长缓慢，除人工养殖以外，还应对自然分布的文蛤进行保护，以达到保护及恢复文蛤资源的目的。

1. 护养增殖场地的选择

养殖场地选择在内湾或沙洲的中、低潮区；要求所选区城风浪小，潮流畅通稳定。滩涂平坦，底质为细沙或含沙量70%以上的沙泥，水质良好、稳定，饵料丰。

2. 护养增殖场的设置

选定的护养增殖场周围需要设置醒目标识，并配备看管护养场所需船只以及工作人员。如配置监测气象、海流、水文、底质以及文蛤生长等的仪器设备更佳。选定护养增殖场地点之后，选择小潮或低潮时期对滩面进行修整及翻耕，以达到平整滩面、疏松滩质的目的，同时清除大型螺类、蟹类等敌害生物。

3. 设立防逃设施

（1）拦网防逃。在护养区拦网防逃，以防止文蛤移动到护养区外造成损失，同时也可以阻止敌害生物进入护养区。

（2）拉线防逃。在护养区域拉阻断线，阻止文蛤向围网边大量集群。

4. 护养区域的日常管理

（1）定期检查防逃网，如防逃网有损坏，需及时修补，同时清除防逃网上的附着物。

（2）定期检查阻断线，以防止阻断线的损坏造成文蛤密集，不利于文蛤的生长。

（3）及时疏散防逃网边聚集的文蛤。

（4）及时清理进入护养区域的流沙及淤泥。

（5）经常下滩检查护养区域内文蛤的敌害生物情况，并及时清除护养区域内的蟹类、鸟类,鱼类等文蛤的敌害生物,同时清除附着在图杆上的藤壶及藻类。

(6)及时清除死亡的文蛤以防止污染滩涂。

5. 采捕规格限制

当壳长达到 5 cm 时,文蛤达到商品规格。采捕时需注意取大留小,以达到恢复文蛤资源的目的。

四、藻类资源恢复方法与技术

我国有着漫长的海岸线,又大部分地处北温带,海藻资源十分丰富。在广阔的潮间带和潮下带浅水区,生长着繁茂的裙带菜,马尾藻等大型海藻,这些大型海菜在海底形成了茂密的海底森林与牧场。目前我国近岸海域生境人为破坏严重,并由此导致了一系列的生态危机。藻类资源的修复主要通过建设人工藻礁和种源补充的方式进行。

(一)种源补充

与鱼类的增殖放流相似,藻类也是通过补充种质资源来增加资源恢复的潜力,继而促进资源的快速恢复。藻类种源补充技术基于藻类的人工繁育技术方法,即通过人工方法获得大量孢子或幼苗,投入恢复区域来恢复藻类资源。

1. 细基江蓠孢子采集

(1)种菜挑选。挑选粗大、健壮、干净和成熟的藻体,保证配子体的囊果或精子囊巢完全成熟。用低信显微镜检查,孢子体四分孢子囊明显地呈“十”字形分裂,分布在皮层细胞之间。雌配子体个体也比较粗大,囊果突出藻体表面,呈馒头状。囊果孔位于囊果顶端,大部分有啄状突起,呈透明状,表示完全成熟。如果囊果孔下陷,呈乳白色,则表示果孢子已经放散或部分放散。雄配子体一般个体较小,在四月份精子早已放散完毕。用低倍微镜观察,在皮层细胞间分布较大的精子囊巢,和四分孢子体完全不同。

(2)种菜干燥刺激。为了使四分孢子或果孢子能在短时间集中大量地放散出来,通常把挑选出来的种江蓠晾干,定时翻动。当发现藻体表面失去水分并且在个别藻体上出现轻度皱纹,便停止晾干工作,准备制取孢子水。

(3)孢子水制备。把晾干的种江蓠放入清洁海水,不断搅拌。在显微镜下观察孢子放散情况。如每个视野有几十个孢子出现,即达到浓度要求。

2. 细基江蓠种苗补充

已经获得的细基江蓠孢子可以通过两种方式补充进待修复海域:

(1)直接泼洒。将孢子水直接泼洒在待恢复区域。细基江蓠孢子放散后能很快地附着萌发。孢子经过一昼夜后便能够比较牢固地附着,一星期后萌发成盘状体,两星期后形成直立体,一个月后便形成细小的江蓠幼体。

(2)待孢子发育成幼体后投放。应用此方法时,可向孢子水中投入小石块,贝壳等利于孢子附着的固体,待孢子附着发育为江蓠幼体后投入待恢复海域。

(二)贝藻间养

目前我国近海多采用浮筏养殖贝类。由于人们盲目追求养殖效益,往往养殖密度超过其最大限度,过量的食物残渣和排泄物进入海水,导致养殖环境的恶化、病原滋生,甚至影响海域生态环境。因此,在贝类养殖体系中引入大型藻类来吸收利用营养物质是一种科学的方法。利用不同的放养,收获季节,合理地安排劳动生产时间。

1. 文蛤与龙须菜混养

文蛤肉嫩味鲜,是贝类海鲜中的上品,是我国主要经济贝类之一。在文蛤成贝养殖系统中加入大型藻类,对养殖水体中的氨氮、亚硝氮和磷酸盐有明显的吸收效果,最高吸收率分别为 86%、98% 和 99%,起到了良好的生态作用。

2. 太平洋牡蛎与龙须菜套养

太平洋牡蛎俗称真牡蛎,是牡蛎类中个体较大的一种,于 20 世纪 80 年代从日本、澳大利亚引入我国。其肉质细嫩,味道鲜美,营养丰富,含蛋白质 45%~57%。脂肪 7%~11%、肝糖 19%~38%,碘的含量高于牛奶和鸡蛋,此外还含有多种维生素及微量元素,有“海洋牛奶”之美称。通过实施太平洋牡蛎与龙须菜立体套养,不仅太平洋牡蛎的产量没有减少,而且增加了龙须菜的养殖效益。

第八章

海洋生态系统修复

海洋生态系统是最具价值的人类资源之一，为人类和其他物种提供多样的服务。海洋生态系统受到污染或破坏后，生态系统的结构和功能发生改变，甚至出现严重退化现象，如因滥砍滥伐、围海造地、围海养殖等致使红树林面积锐减；由于酷渔滥捕、管理无序、开发无度和海洋污染范围扩大，导致渔业资源减少、赤潮等海洋生态灾害不断，海洋出现荒漠化现象。

海洋的生态修复，是为了减少资源破坏和避免生态进一步恶化、利用工程和生物技术对已受到破坏和退化的海洋进行生态修复措施的总称。由于海洋生态系统修复的复杂性、综合性以及有效干预难于实现等原因，其修复存在一定的难度。近些年来，大量工作在沿海系统地区开展起来，主要集中于一些提供动植物特定生存环境的生物区如海草床、珊瑚礁海岸沙丘、红树林和盐沼，而在其他的生物区开展较少。

海洋生态系统的修复涉及一系列的发展阶段。首先要确定干扰因素，对于未来发生潜在不利影响的风险，需采取一定措施进行消除或减小。只有当干扰减缓或停止之后，自然修复才能进行。在大多数情况下，停止干扰并尽快进行自然修复。对于开放的海洋生态系统来说，是最理想与最经济的措施。本章重点介绍红树林、珊瑚礁、海草场、海藻场等几类生态系统实践概况与修复的原理。

第一节 红树林生态系统修复

一、红树林生态修复目标确定

对红树林生态修复目标的认识经历了三个阶段。最先的红树林生态修复将“植被覆盖”作为首要的目标；随后，红树林生态修复作为补偿性工作开展，其目标也被设定为“功能替代”；而近些年来，有观点认为生态修复应该实现生态系统层面的恢复。

红树林生态修复不仅是恢复红树林植被，而且需恢复红树林生态系统的其他生物因子和非生物因子，最终恢复红树林生态系统的功能。不同的红树林生态修复项目所设定的目标有所差异。根据红树林生态系统的功能，红树林生态修复的功能目标主要包括造林、岸线稳定、生物资源恢复、净化污染物等。

尽管不同红树林恢复项目所设定的目标侧重点不一致，但需指出的是，生态修复所确定的目标须是可行的，并尽可能量化，以便于开展生态修复成效的监测和评估。

二、红树林生态修复模式选取

红树林生态修复的模式可分为两大类：有效管理下的自然恢复和红树林人工恢复。

红树林的自然恢复指对退化的红树林实行封围或采取其他管理措施以消除退化压力，如建立自然保护区、禁止红树林砍伐、控制红树林区内的养殖、消除外来入侵物种、建丁字坝防止海岸侵蚀等，从而利用红树林生态系统的自然演替进行自然恢复。一般的，在没有人为主动恢复努力的情况下，红树林也可能得到恢复。只有在自然恢复不能实现时，才考虑通过人工种植等手段促进红树林的自然恢复。消除引起红树林退化的压力所采取的具体措施需根据红树林生态系统退化及所受压力的类型和程度，确定可行的具体措施。目前，我国大多采取建立自然保护区的措施,以控制自然保护区范围内的人为干扰活动,促进红树林的自我维持和恢复。

当红树林生态系统的动态平衡完全被破坏,或正常的次生演替受到抑制,无法自我恢复时,需采取种植红树林的人工恢复措施。一般的,当红树林生态系统缺乏繁殖体而无法自然恢复,或生境条件限制了其自然恢复,或种子或繁殖体在正常的水文条件下无法到达生态修复区等情况下,需要进行人工种植红树林。红树林的人工种植需考虑多方面的因素,包括宜林地、树种选择、种植技术等,因此,需要采取因地制宜的栽培技术措施。

当前,红树林生态修复的理论与实践着重强调种植红树林作为恢复的主要手段,而不是首先分析红树林丧失或退化的原因及其自然恢复的可能性。然而,许多红树林恢复工程的失败原因在于缺乏对红树林退化或丧失原因和机理的认识,在对红树林自然恢复的可行性的主要影响因素不了解的基础上,直接进行红树林的人工种植,这通常会导致种植失败,而且还会浪费大笔的资金用于红树林繁殖体的培育、种植等工程。因此,有研究人员提出红树林恢复需考虑以下几个方面。

(1)了解恢复区域的红树植物的种群繁殖生态学,尤其是繁殖模式、繁殖体的数量及种苗定植的影响因素等。

(2)了解影响红树物种的分布因素、保证成功定植及生长所需的,常规水文条件。

(3)评价影响红树林自然演替的环境因素与红树林环境受影响的程度。

(4)设计生态修复计划,在制定计划时应首先考虑恢复合适的水文条件,并充分利用周边红树林繁殖体的自然补给。

(5)在自然补给不能满足红树林恢复所确定的繁殖体的数量时,才进行红树植物的人工种植,并采取繁殖体的收集、种植或培育树苗等人工种植手段。

三、红树林生态修复措施

(一)提倡公众参与及社区共管

红树林湿地长久以来都是周边社区居民的生活来源之一,要恢复退化的红树林生态系统,只单纯地研究红树林的物种恢复及人工种植是不够的,应该将红树林湿地与周边社区居民的生活联系起来考虑。通过一系列的宣传教育与培训措施,提高公众对红树林功能、效益方面的认识,提高当地公众的环境保护意识。此外,将红树林周边社区纳入红树林生态修复项目中共同参与及管理计划的实施,加强社区共管,一方面可达到公众宣传教育的目的,另一方面可强化红树林的管理。

(二)科学选择树种

在根据恢复地生境特征选择适宜物种的基础上,红树物种的选择还应满足生态修复的目标。红树林植被通常会促进潮间带生境的复杂性和多样性,以及与其密切相关的底栖动物的生物多样性。红树林植被亦会对林内底质的特性,如盐度、酸度和营养元素和生境的物理构造产生直接的作用。红树林植被的地上部分所提供荫蔽的环境会对底栖生物的分布产生影响,这是因为红树林植被可以有效地降低林内的光照强度,降低潮间带土壤表面的高温和高蒸腾作用等恶劣环境因素对底栖动物不利的影响。

除了上述这些因素外,红树植物的凋落物也直接或者间接地为一些大型底栖动物提供营养来源。而不同品种、密度或者不同种植时间的红树林在植被特征、土壤理化性质以及底栖动物群落特征上都有明显差异。例如,桐花树为灌木型生长,植株较茂密,并且树冠也低于秋茄。这种形态可以减缓潮水对树栖黑口滨螺的冲击作用,特别是对那些较小的个体。与秋茄相比,桐花树的枝条较细,不适合较大个体的黑口滨螺附着,因此,分布于秋茄林内的黑口滨螺在个体大小上普遍大于树龄相同的桐花树林样地。而这种植株形态上的差异也导致了黑线蜒螺分布的差异,因为黑线蜒螺通常栖息于红树植物的根部和树干的缝隙中。秋茄具有板状根,这些板状根的缝隙部分为黑线蜒螺提供了适宜的栖息环境。随着秋茄树龄的增大,其植株树干和基部板状根的缝隙也随之明显,因此,成熟秋茄林内黑线蜒螺的种群密度和生物量明显大于秋茄幼林,相比之下,桐花树的基部光滑无缝,不能为黑线蜒螺提供隐蔽场所。

此外,不同红树物种在初级生产力、固定岸线、耐污能力和吸收污染物等方面表现也不同。因此,在红树林生态修复时,在充分比较不同红树植物的生态学特征的基础上,根据恢复目标进行红树品种的选择和种植方案的设计。

（三）合理选择栽培方式

根据繁殖体的不同形态采取不同的种植方式，繁殖体为种子的树种须利用实生苗进行造林，如银叶树、海桑和海漆等。繁殖体为显胎生胚轴的树种，在一般情况下可直接利用胚轴在海滩插植，如木榄、秋茄等。少数繁殖体为隐胎生胚轴的树种，也可以利用实生苗进行造林，如白骨壤、桐花树等。对显胎生红树，如果其胚轴个体短小，则建议采用幼苗进行种植。

种植红树林的方法主要有胚轴插植法、人工育苗法、直接移植法和无性繁殖法。无性繁殖法在国外研究较多，而且只适合于极个别立地条件特殊的地点；目前多数红树物种的繁殖体数量较大，国内较少采用无性繁殖的方法。胚轴插植法、人工育苗法、直接移植法三种方法多常用。

（四）改造恢复地生境

并不是所有恢复地的水文条件都适宜红树林的生长，在开展生态修复时，有时需要对恢复地的生境进行改造，使其达到红树林生长的适宜条件（主要为水文条件）。通常通过改变滩面高程和滩面坡度的形式进行生境改造，使恢复地形成在自然潮汐条件下能够保证红树植物幼苗的定植和生长。

在进行滩面改造时，主要采取的方式为填（挖）土。填土所用的底泥应符合红树林生长的要求。在填土造滩过程中底泥被搅动而松软，因此在填土后需待泥滩重新稳固后再开展红树林种植。但多数时候，简单的填土并不能使水动力条件满足红树幼苗的定植和生长；新造滩面由于潮汐的冲刷在短期内会被侵蚀和损坏，使种植的红树林幼苗死亡。这种情况下，需辅以围堰或砌堤的形式对恢复地滩面进行保护，减少潮汐冲刷对改造过的滩面的侵蚀；而通过在恢复地海水冲击方向修建丁字坝则也可以减弱潮汐的冲刷，并促进恢复地的沉积作用。

但生境改造需要耗费大量的人力、物力和经费，增加恢复成本，制定恢复方案时应首先考虑在自然宜林地开展红树林生态修复。如生态修复项目在废弃虾塘区开展，则需要根据虾塘所处的高程，采用在虾塘内填土或者通过拆除虾塘围堤（或者破堤）的形式进行水文条件恢复，使恢复地水体和潮汐顺畅交换。

（五）加强红树林管护

1. 封滩保育

进行封滩保育，禁止任何人员和船只进入红树林地，禁止在红树林周边区域开展开发活动、禁止在红树林进行围网、挖掘、捕鸟等任何形式的捕捞活动和砍伐、踩踏红树植物的破坏行为。

对于人工种植的红树林，速生树种为主体建立的林地，封滩保育期为1~2年，慢生树种为主体建立的林地，封滩保育期为3~5年或更长。

2. 清理造林地

定期清理造林地内及缠绕在幼苗幼树上的垃圾杂物、海藻等，防止其对幼苗造成损伤。

3. 幼林恢复

定期对倒伏、根部暴露等受损的幼苗、幼树进行必要的修补。对缺损的红树幼苗幼树或成活率低于70%的进行适当补植。

4. 危害防治

在红树繁殖体或者幼苗种植后，应注意防止其受到螃蟹、藤壶、鸟类和老鼠等动物的危害。在螃蟹及藤壶密集的地方，于造林初期，可用适当的药剂涂抹在红树林树干上，或用人工清除的办法，以防止螃蟹及藤壶危害红树林幼苗幼树。此外，也应注意红树林病虫害的防治。

5. 控制外来物种的危害

在我国，外来生物入侵是引起红树林退化的主要因素之一，其中薇甘菊和互花米草是两个危害较大的物种。互花米草在我国大陆海岸线都有分布，尤其是在福建和广东危害较严重。互花米草生长速度非常快，会与红树林竞争空间和营养，对红树幼林造成毁灭性的危害。因此，在新种植林地，应采取适当有效的措施防控互花米草的入侵。

（六）建立红树林保护区

国际上公认，保护和维持红树林湿地生态系统最有效的办法是建立自然保护区。建立红树林自然保护区,可消除生态系统退化的部分干扰或降低干扰的频率和强度,从而减缓对红树林生态系统的不良影响,以利于红树林的自我维持自然恢复。

第二节 珊瑚礁生态系统修复

珊瑚礁的修复通常被看作是一种主动计划,旨在加速其自然修复达到终点,即形成同时具有系统功能性和美学价值的珊瑚礁生态系统。有专家认为珊瑚礁最主要的修复方法是消极法,即在先减缓影响的前提下,再进行自然修复。只有小范围的研究才适于应用积极的修复,包括受损种的修复、成年种的移植以及移走捕食者等。

人造珊瑚礁框架实现了两个方面对珊瑚礁的促进修复,一是能为珊瑚虫以及其他附着生物提供合适的栖息地。这也是人造珊瑚礁框架在移植中的一个最主要的优点,即它能为一系列生物的迁移定居提供场所,这是单一种的移植无法实现的。二是为鱼类和无脊椎动物提供遮蔽物和避难所。人造珊瑚礁框架的最初目的是用来发展渔业,后来随着珊瑚礁生态系统的破坏情况日益加剧,人们逐渐用它来保护海洋环境进行受损珊瑚礁修复。

20 世纪 70 年代,日本海岸带管理机构提出建造新型人造珊瑚礁来提高海岸带生物量,这种新型珊瑚礁采用塑料、玻璃纤维、钢筋和防水水泥等材料,并应用了当时最新的锚固定技术。实践证明将混凝土与轮胎碎片的混合物作为人造珊瑚礁框架的方法非常有效,对其 28 个月的监测结果表明,在珊瑚礁上聚集了各种鱼类和无脊椎动物,而且它的群落结构与用砾石混凝土的设计结果没有明显不同。经过长期实践证明:混凝土是作为人造珊瑚礁框架的理想材料。但是,珊瑚礁框架应该具有一定的高度并且建造在垂直于大海的方向上,同时框架内部要具有一定空间为各种尺寸的生物提供活动场所。这种方法在许多国家获得广泛应用,而采用的材料、技术和造型也多种多样。

人造珊瑚礁也存在一些不足。它比较脆弱,例如在美国南佛罗里达,当安德鲁飓风经过后,所有的人造珊瑚礁都被不同程度地破坏,有的甚至完全消失。此外,它可能会分解,造成污染;地点的选择和安置可能引起运输问题。而且,只有大量的资金投入和时间付出才能保证人造珊瑚礁框架的成功,因此要对大面积的珊瑚礁进行修复时,使用人造珊瑚礁框架具有相当大的难度。但是假如退化的区域具有较高价值(如海岸保护或娱乐性旅游),则花费或投资相比之下是合理的。有人认为:人造珊瑚礁框架从附近的珊瑚礁系统招引鱼类和其他生物,单纯是一个聚集装置,实质上只是使生物从一个地方转移到另外一个地方,并没有增加海洋生物量。然而有报道称:人造珊瑚礁框架减少了生物受损的机会,因为它为鱼类等生物提供了一个安全的场所,因此增加了海洋生物量。

一、矿物增长技术

20世纪90年代,矿物增长技术(Mineral Accretion Technology, MAT)被应用于建造新型珊瑚礁,即在人造珊瑚礁上通入低压直流电,利用海水电解析出的氢氧化镁和碳酸钙等矿物附着在人造珊瑚礁上。由于海水电解析出的矿物具有和天然珊瑚礁石灰石相似的物理化学性质,从而加速了石灰石和珊瑚虫骨架的形成和生长。珊瑚在这些结构上的生长非常迅速,与天然珊瑚礁的生长过程极为相似,在珊瑚礁不断增长的同时促进周围生物量的增长,从而达到海岸带保护和海岸带生物种群修复的目的。该技术阳极可以是铅、石墨、钢铁或镀钛物;阴极通常由延伸的铁丝网制成,被建造成简单的几何形状,如圆桶形、薄片、三棱柱和三角锥。这种方法目前已在牙买加、马尔代夫和塞纳尔等国家得到了成功的应用。

对于MAT,矿物在活跃环境中的稳定性目前尚未被明确,而且经过长时期后珊瑚的存活率目前研究人员也不清楚。矿物建造初期耗时长、花费巨大且需要有技能的劳动力。此外,不同的自然环境中MAT人造珊瑚礁的实施还没有被验证,潜水者对MAT的评价也很缺乏。即便存在以上问题,但MAT人造珊瑚礁仍被认为是一种有潜力的珊瑚礁修复方法。

二、珊瑚礁球

珊瑚礁球(Reef Balls)是由美国的一个公司开发的一种模仿天然珊瑚礁的外观和功能(提供食物、遮蔽物和保护)的特殊产品。构成这种产品的主要材料是混凝土,具有质地粗糙的内外表面,呈纽扣状。它的制造方法是首先将混凝土灌注到一个玻璃纤维的模型中,模型中央有一个多格的浮标,它被许多尺寸不同的、用来制造孔洞的可充气的球包围着。这些充气气球被充气后根据压力的不同可改变孔洞的大小,并提供一个粗糙的表面。“珊瑚礁球”的一个主要优点就是能够漂浮,并且在使用时能被小船拖着。这种铸造技术使珊瑚礁球表面质地和质量的确定具有很大的灵活性,并能在各种尺寸中得以实现。包括垃圾在内的任何混凝土都可以用来建造这种珊瑚礁球,但是研究人员建议使用适合海洋生物生长的混凝土。

三、珊瑚移植

在一些地区,珊瑚季节性产卵的时间是可以预测的,利用珊瑚接合体进行珊瑚培育可趁着这样的机会展开。同时,少数种类的珊瑚幼虫是可以成功进行人工饲养的。

人们需要对大范围珊瑚养殖的可行性以及各种方法的花费进行评估。此外,关于幼体对生境的要求、释放幼体的最理想尺寸以及将幼体固定在珊瑚礁上的方法等需要进一步研究和确定。珊瑚礁修复的一个最明显好处就是为受损珊瑚礁提供了大量的足够大的目标物种。

珊瑚移植包括对一个健康的珊瑚礁生物群体的片段或整个进行收集,然后将其移植到一个与它环境条件相似的退化的珊瑚礁中。自然修复的速度可因移植成熟的生物群体而被加快,因为它避免了引入一种不适合的幼体,更回避了群体生命周期中具有较高死亡率的幼年期。

珊瑚移植的研究主要有两类:生物群体片段的移植和整个珊瑚礁生物群体的移植。但移植方法存在着潜在不足之处,如移植生物群体附着失败、对移植生物群体来源地的影响等。此外,还有可能发生移植生物群体的生产能力下降、移植生物群体的死亡率和存活率变化等情况,如被移植的生物群体比未受干扰的群体有更高的死亡率。

四、海底流沙环境珊瑚移植礁基

“海底流沙环境珊瑚移植礁基”属海洋生态环境人工修复技术领域，涉及一种海底流沙环境珊瑚移植礁基，其主体是一个棱台形水泥块。在水泥块的下底面设置支撑柱，水泥块下底面的四周还设置支撑钩，水泥块的上顶面和侧面均匀间隔设置附着圈。该装置结构简单。具有较强的支撑固定作用，不易被流沙陷埋，抗风浪能力强，稳固、耐压，可提高培植珊瑚的存活率，降低死亡率，加快培植珊瑚的生长速度。除了作为珊瑚移植后的生长场所，起到固定功能外，还可以为生态系统的其他生物，如鱼、虾和螃蟹等提供栖息地，对珊瑚礁的生态修复具有重要意义。

该装置的目的是针对现有技术的不足而提供一种海底流沙环境珊瑚移植礁基方案。“海底流沙环境珊瑚移植礁基”为棱台形水泥块，在水泥块的下底面设置支撑柱，水泥块下底面的四周还设置支撑钩，将支撑柱和支撑钩完全插入海底流沙里。可使其固定在低潮水深 2~5 m 的海域海底，水泥块的上顶面和侧面均匀间隔设置附着圈，可将块状或分枝状的造礁石珊瑚固定在附着圈上（附着圈的孔径大小为 3~5 cm），使造礁石珊瑚正常生长。

该装置已有成功应用实例：2013 年 9 月于海南省万宁市大洲岛前港，低潮时水深 2~5 m 处，将该装置放入海底流沙环境的海域中，成功移植并培育了多种石珊瑚，珊瑚成活率达 95% 以上。我们在万宁大洲岛进行的珊瑚修复项目取得成功，大洲岛的珊瑚礁生态修复成效显著。通过制作并投放人工珊瑚礁基，在海底移植珊瑚并培育，使珊瑚正常生长繁殖，从而吸引各类底栖生物和鱼群，慢慢形成生物群落。

除了人为进行珊瑚修复养护工作以外。管理及宣传工作也很重要，不可忽视。以下是几点关于保护珊瑚的措施：

（1）大力宣传和普及珊瑚保护知识提高国民海洋意识，要向社会各界人士广泛宣传节约环保知识。形成大家共同参与“关心珊瑚 · 爱护珊瑚”的良好风气。

（2）为了保护珊瑚，不向海洋及沙滩丢弃垃圾，防止污染损害，保护生态平衡。

（3）减少海滩餐饮业和水产养殖的污染，使用无磷洗衣粉，禁止将未经处理的污水随意排放到河流、湖泊、海洋中。

（4）不损害海洋生态环境，不捕捞受保护的海洋生物，不购买珊瑚等法律规章禁止的海洋生物制品，保护海洋生态环境。

第三节　海草场生态系统修复

海草场又称海草床，是一类遍布世界、具有极高生产力的浅海生态系统，其主要结构成分是海草。目前学术界认为全球海草场面积为300 000~600 000 km^2，不到全球海洋总面积的0.2%。我国现有海草场总面积约8 km^2，分布在海南、广西、广东、香港、台湾、福建、山东、河北和辽宁9个地区，其中海南是中国海草场分布面积最大的省份，合计56 km^2，占我国海草总面积的64%，其次是广东海草场（占全国海草总面积的11%）和广西海草场（占全国海草总面积的10%）。有学者将我国海草分布划分为北方区域（包括辽宁、河北和山东）和南方区域（包括福建、台湾、广东、香港、广西、海南和西沙群岛）。

海草场是许多海洋动物的重要栖息地、产卵场、繁育场、隐蔽场所和直接的食物来源，为附着动植物提供了理想的固着基质。海草作为沉积物的捕获者，能够改善海水透明度并具有稳定底泥沉积物的作用。海草从海水和底泥沉淀物中吸收氮磷等营养物质和重金属，具有净化海水的功能，是控制浅海水质的关键植物。但是，海湾河口的海草场过度生长时也会造成河道堵塞、影响航道通行等不利情况发生。

海草场与珊瑚礁、红树林是三大典型海洋生态系统。全球气候变化和海洋过度开发等导致海草场生态系统受损严重，已在全球范围内越来越多地引起各国政府、研究机构和科研院校的关注。至今全球海草保护和修复工程还处于起步阶段，大多数尝试和成果还主要集中在美国、澳大利亚以及欧洲发达国家等少数区域。我国海草场生态系统的保护和修复应坚持海草场生态保护和生态修复相结合，以保护为主，以修复为辅，促进海草场生态系统自然恢复和可持续发展。

自20世纪40年代开始，人们已开始尝试采用生境修复法对海草场进行修复，1960年美国佛罗里达湾开始尝试采用移植的方法修复海草场。直到20世纪末，海草场生态系统修复才在世界范围内（主要在发达国家）相继开展。近年来，我国海草场生态系统修复工作进展很快，中国海洋大学张沛东教授团队取得了骄人成绩。海草场生态系统修复所需时间长短与其海草种类、受损程度、干扰因素、修复措施、水动力条件、光照和底质等多种因素有关。因此，修复过程中注意及时进行维护，如修复区外围设置防护网等标志以免被破坏、草皮和根状茎等被海水冲刷后以及食草动物取食后及时补种和清除敌害等，这些维护措施对于海草场生态系统的有效修复具有重要意义。目前来看，常见的海草场生态系统修复方法包括生境修复法、种子播种法、植株移植法。

一、生境修复法

人类活动造成的水质下降是海草退化的本质原因。生境修复法是海草场修复最早尝试使用的方法，即通过保护、改善或者模拟海草生境，借助海草的自然繁衍来达到逐步恢复的目的，如通过截留污染物入海、防止底拖网作业、禁止挖捕、退养还草、提高海水透明度、净化水质、改善底质、驱逐海胆和水鸟等敌害生物等方法为海草生长繁殖提供良好生境。目前认为生境修复是最佳的海草场修复策略，但这是一项长期工程，开展起来难度较大。

二、种子播种法

种子是海草的重要繁殖器官，在海草的生长、繁殖中起重要作用。将采集到的种子直接散播在海滩上或埋种于适宜深度底质中是最为简单的播种方法。海草种子萌发率低（一般不超过10%），为确保种子发芽率，可将种子放在漂浮的网箱中或者在实验室内暂养发芽后再行移栽；还有人将种子放入具有小于种子直径孔径的麻袋中，然后将麻袋平铺埋入海底进行种子保护播种。也有将种子制成泥块形式进行播种或采用播种机播种。

利用海草种子进行海草床修复具有对供区海草床破坏小、受空间限制小等诸多优点，具有较大的应用潜力。但目前认为多数海草有性繁殖率非常低、种子采集困难、播种后易流失、采种受季节限制大、海草场修复需要大量种子，再加上种子保存、播种后的萌发率以及幼苗存活和生长等各种问题存在，还没有成为常用的海草场修复方法。

三、植株移植法

植株移植法是目前最常用、最成熟、全球最有效的退化海草场修复方法，即将采自天然海草床的海草苗或成熟植株或培育的幼苗或成熟根状茎（包括其上的根和枝）移栽到适宜海草生长的海域移植地。

移植地的选址是海草移植成功与否的最关键因素，有人提出海草场依旧存在或者海草场刚消失不久的海域进行人工移植的效果最好，尽量选择与海草来源地立地条件相似的移植地，如移植到与海草来源地有相似高程的滩涂上，所处高程太低可利用的光照比较少，所处高程太高则海草暴露时间过长容易失水死亡。富营养化较严重或海水透明度较低的海区不宜作为移植地。移植前需要对移植区进行清理，如清除较大的牡蛎壳、垃圾、大型海藻等，整平凹凸不同处。

在移植过程中移植植株因受机械作用损伤或移植栽种后因移植地环境条件和原生地存在差异，海草植株将受到不同程度胁迫。研究发现，移植操作过程对鳗草植株的地上部分产生了严重的胁迫作用且胁迫时间较长；移植植株的地下部分及叶片叶绿素和类胡萝卜素在经过短期胁迫后，能够通过自身补偿机制分别实现快速生长和显著增加，从而有利于植株的扎根、固着和提高植株的光合作用能力。

植株移植时，根据移植地所处区域不同可采取不同形式进行作业，若在潮下带开展移植，根据水深不同可采用潜水或直接作业，若在潮间带开展则可选择在低潮时进行而无须潜水作业。移植的基本单位称为移植单元，目前移植单元主要有草皮、草块和根状茎 3 类，与之对应的移植方法分别为草皮法、草块法和根状茎法。

（一）草皮法

草皮法与陆上移植草皮类似，就是直接将草皮平铺在移植地，通过沉积作用和潮涨潮落等使其与海底融为一体，不可避免受到海水冲刷作用影响。

（二）草块法

草块法与陆上移植高等植物类似，就是将带有底质的植株移栽到移植地，草块与移植地直接融为一体，可明显减少海水冲刷作用。

（三）根状茎法

根状茎法就是直接移植没有底质、裸露的根状茎，通过将根状茎固定在移植地底质中使其恢复生长。根状茎法的移植单元是一段长2~20 cm（长度因海草种类和具体方法不同）的包括完整根和枝的根状茎，与草皮法和草块法最大的差异就是不含底质，表现出易操作、无污染破坏性小等特点。下面介绍几种具体方法。

1. 直插法

直插法又称手工移栽法，是指利用铁铲等工具将移植单元的根状茎掩埋于移植海区底质中的一种植株移植方法。有研究人员在山东省荣成市俚岛镇近岸海域进行的鳗草移植结果显示，移植 30 d 后直插法的存活率为 66.7%。该方法不需添加任何锚定装置，操作简单，但对移植单元的固定不牢，尤其是在海流较急或风浪较频繁或底栖动物干扰较强的海域，移植植株的存活率一般较低。

2. 沉子法

沉子法，是将移植单元绑缚或系于木棒、竹竿等可降解材料或源于海洋的贝壳和石块等固定材料上后将其掩埋或投掷于移植海区中的一种植株移植方法。上述在山东省荣成市俚岛镇近岸海域进行的鳗草移植结果显示，移植 30 d 后沉子法的存活率为 100%。该方法对移植单元固定有所加强，但在较硬底质海区其固定力仍显不足可能导致移植单元生长能力受到限制。此外，固定材料等对海洋环境不会造成污染。

3. 枚钉法

枚钉法又称订书针法，是参照订书针的原理，使用 U 形、V 形或 I 形金属、木制或竹制枚钉将移植单元固定于移植海域底质中的种植株移植方法。上述在山东省荣成市俚岛镇近岸海域进行的鳗草移植结果显示，移植 30 d 后枚钉法的存活率为 86.7%。

另有研究人员利用植株枚钉移植法在山东荣成天鹅湖海域进行了鳗草植株移植,发现移植后1~2个月移植植株的平均成活率均为84.4%,随后存活率开始下降至移植后4个月平均成活率降至57.8%,之后保持稳定。

其他研究人员在山东荣成天鹅湖海域利用枚钉法进行了鳗草移植,结果显示春季移植植株的平均成活率为76.5%~90.4%,夏季移植植株平均成活率达100%,说明在天鹅湖海域植株枚钉移植法是恢复海草植被的有效方法。若底质稳定,该方法对移植单元有较好的固定作用,移植植株成活率较高,但劳动强度相对较大,如潮下带需要潜水,工作量大、花费高;若没有完整的底质,移植单元的生存能力降低。

4. 框架法

框架法主要用于移植鳗草植株,用于绑缚固定移植单元的框架用金属网制作如用钢筋焊接而成,根据移植海域海流状况可在框架内部放置适量石头砖块等重物作为沉子,然后放置于移植海域海底。为减少对海洋的污染和再利用,移植单元与框架之间的绑缚材料采用可降解、无污染材料,待移植单元生出新根后将框架收回。该方法对移植单元一方面有较好的固定作用,另一方面因框架保护而减少敌害生物扰动,因此移植植株成活率较高,但框架制作和回收增加了移植成本和劳动强度。

5. 夹系法

夹系法又称网格法或挂网法,是将移植单元的叶鞘部分夹系于网格或绳索等物体的间隙,然后将网格或绳索固定于移植海域海底的一种植株移植方法。上述在山东省荣成市俚岛镇近岸海域进行的鳗草移植结果显示,移植30 d后夹系法的存活率为20%。该方法操作简单、成本低廉,但网格或绳索等夹系物回收困难,若遗留移植海域可对海洋环境造成一定程度污染。

四、修复实例

我国海草床是海洋生物的重要栖息地,同时也为附近海域的其他生物提供了重要的食物来源。例如,山东威海荣成天鹅湖海草床的大叶藻是天鹅的食物;海南省新村湾海草床的泰来藻和海菖蒲为新村湾的许多经济鱼类提供栖息地和食物。然而,近几十年来,由于生存的需要及当地经济发展的需求,加上缺乏对海草床的认识和保护意识,不合理的人类活动造成海草床严重衰退。鉴于此,我国科研人员采取了保护改善海草生境和移植恢复的方法,进行了一系列海草生境的恢复工作,其中主要在山东威海沿岸海草床和海南省新村湾海草床开展了生态修复尝试。

2010 年 12 月,山东威海环翠区海洋与渔业局研究所原永党等人及中国海洋大学在威海近岸海域的海草床开展了大叶藻的生态修复试验。

1. 山东威海海草床生态退化原因分析

近 20 年来,由于近岸海域环境污染及海洋与海岸工程建设,山东沿海的大叶藻资源量大幅度下降,20 世纪 80 年代还非常繁茂的大叶藻海草床,现在已很难发现。

(1)污染。各种污染物的大量排入,工业废水、农药(尤其是除草剂)等污染物对大叶藻产生了直接的威胁。

(2)人为破坏。养殖业和填海造地工程吞噬了潮间带大叶藻的生存空间。例如,荣成天鹅湖湖区潮汐道逐渐淤塞,水流流速减慢,湖区水位逐年下降,大叶藻数量也随之逐渐减少。

2. 山东威海海草床生态修复技术措施与评估

从 2007 年开始,环翠区海洋与渔业局研究所在山东威海双岛湾进行海草恢复试验。在不同季节,15 个站点进行反复播种试验,共播种 1 000 多粒,萌发出 11 株大叶藻。该研究所在组织培养、室内育苗等方面取得一定成功,尤其是人工移植方面,在双岛湾内建成大片人工移植海草床,且大叶藻生长繁茂,长势良好。

2010 年 7 月至 10 月,在荣成天鹅湖生态调控示范区,利用枚钉法移植大叶藻植株 16 000 株,形成海草床面积 1 600 m^2; 2010 年 10 月,利用平铺地毯式播种法播种大叶藻种子 3 万粒。与此同时在实验室内开展了大叶藻种子萌发生理、种子保存以及大叶藻最适萌发环境等的研究。

第四节 海藻场生态系统修复

目前,海藻场生态修复的目标是为了恢复原有的海藻场及其作为海洋生物栖息地的功能,重建海藻场生态系统,丰富、充实、服务于海洋生物多样性的保护。在制定具体生态修复目标时,应做到确实可行,尽量制定量化的目标,包括种类、数量、面积等。

一、海藻场生态恢复模式

目前,海藻场恢复的模式主要包括改善栖息地环境的自然恢复和主动的人工恢复两种。

(一)改善自然环境后的自然恢复

自然恢复主要是指通过改善恢复区域的环境条件,从而促进海藻场在自然条件下得以恢复。由于海藻生长速度特别快,若栖息地条件适宜,海藻场就可能在自然条件下得到恢复,即主要是底质能够满足海藻附着生长、防止过量的藻类捕食者。当前,日本主要采取该策略以恢复海藻场。

需充分了解海藻的损失状况及相应的压力因子情况,分析海藻场自然恢复的可能性。海藻场自然恢复的前提条件主要包括:附近需要有种质资源,尤其是海藻的种子存在;需满足藻类生长的底质条件,尤其是沙泥岩比例要适合,硬质底是大型海藻附着生长所必需的。

(二)主动的人工恢复

移植和播种是目前最为有效的两种海藻场主动人工恢复手段。海藻移植所需的海藻种源包括室内培养的海藻、其他栖息地的海藻或者漂浮的海藻。移植的成功与否很大程度上取决于恢复区的自然条件,包括底质(岩石底质最适宜)、光照、温度、营养、浊度、被捕食压力及水深等。此外,海菜的不同来源以及海菜移植时的生长阶段、大小需要慎重考虑,并选择适宜的技术手段。

二、海藻场生态修复措施

(一)提倡公众参与及社区共管

人为因素是海藻场退化的主导因素,而这些人为因素主要来自海藻场生长的海岸带附近的居民。因此,只有得到全社会的关心和支持,尤其是当地居民的广泛参与,才能促进并实现海藻场生态修复的目标。

学生可以参与其中,亲身体验海藻场以及海洋保护的重要性,进而增强海洋保护意识以及对海藻场生态修复的认识。

(二)合理选择海藻场恢复选点

恢复点的选取是海藻场生态修复成败的关键。一般的,海藻场恢复点的选取需考虑以下几个因素:潮下带水深较浅的岩石区最佳;历史上有海藻生长的地点为佳;自然环境条件应适宜海藻的生长,包括光照、水温、盐度、浊度、海水流速、海藻捕食者的种类与数量等生物因子和非生物因子。

1. 生物因子

生物因子主要是一些食藻动物,特别是海胆。若在恢复区存在大量的食藻动物,需清除。

2. 非生物因子

(1)底质、水深、海水流速。岩礁型或硬底质是海藻场恢复的必要条件,海水流速不宜过大,不同大型海藻所需的水深也不尽相同。例如,铜藻多生长在风浪较为平静海湾的潮下带至 -4 m 以上浅海岩礁上。

(2)水温。形成海藻场的大型海藻对于温度的要求较为严格,一般都在较低温的环境中。例如,铜藻生长和繁殖适温为 11~16 ℃,繁殖盛期水温为 16~20 ℃。35 ℃的高温 1 h 就会对铜藻的光合系统Ⅱ(PS Ⅱ)造成了不可逆转的损伤,铜藻幼苗可耐受的温度上限为 28 ℃。然而,羊栖菜却能耐受 40 ℃的高温长达 6 h。因此,海藻场一般形成于我国的黄渤海及东海北部水域。比较特殊的是马尾藻,广泛分布于暖水和温水海域，特别是广东、广西沿海。

（3）光照。形成海藻场的大型海藻都属于潮下带海藻，与潮间带的海藻有所不同，对强光较为敏感，但是，充足的光照又是海藻正常生长所必需的。

（4）盐度。铜藻具有较强耐受高盐（盐度 60 处理 6 h）和淡水能力（盐度 0 处理 1 h），而羊栖菜能耐受低盐胁迫（淡水 6 h）。

（5）浊度。浊度是影响光照的主要因子，海藻场恢复区的海水浊度越小越好。

（三）科学选取海藻场恢复种类

海藻场恢复种类的选取主要遵循环境适应性的原则。形成海藻场的大型藻类主要有马尾藻属、巨藻属、昆布属、裙带菜属、海带属和鹿角藻属。恢复藻类的选取可根据现有海藻资源的分布情况，一般优先选取本地原生藻种，马尾藻主要在南海近岸水域，而海带、裙带菜、铜藻等主要出现在东海北部以及黄渤海的温带水域。若引进外来物种时，需经过审慎的论证，以避免对原生物种造成影响和破坏。

（四）加强海藻场的监管与保护

1. 封区保育

在海藻场恢复区域，禁止渔业活动及影响水体透明度的任何活动，具体的期限应根据海藻场恢复的时间来决定。

2. 养护

养护工作主要包括对未成熟的海藻场生态系统进行定期的监测，及时补充营养盐等无机物，修整生态系统的各级生产力，生物病害防治工作，死亡藻体的清理工作等。此外，还包括海藻场生态系统的完善工作，借助生态系统本身或人工方式逐步增加生态系统的生物多样性，例如，海洋动物的底播增殖可以对海藻场生态系统进行有机补充。

3. 食藻动物的防治

可以在恢复区建立篱笆来防止过多的海胆等进入海藻生长区域。若发现食藻动物数量过多，需要及时清理。

4. 防止污水排放的危害

限制含无机营养盐 N、P 的污水排放,以防止赤潮的发生,避免大量的微藻生长与大型海藻的竞争,以及避免对大型海藻的光合利用造成影响。

控制会引起海水沉积物含量过高的污水排放,以免海水透明度下降,从而影响到海藻的光合作用以及正常生长。

(五)建立海藻场保护区

建立自然保护区是保护海藻场最直接最有效的方法。建立海藻场保护区,可消除生态退化的部分干扰,降低干扰频率和强度,从而减缓对海藻场生态系统的不良影响,以利于海藻场的自然恢复。

目前,我国还没有专门的海藻场自然保护区,只有 1990 年国务院批准成立的南麂列岛海洋自然保护区中有铜藻场作为了保护对象。因此,应根据需要,建立海藻场生态系统的保护区,以发挥其重要的生态功能,包括:吸收、固定,并转移海水中的 C、N 和 P 等生源要素,减轻水域富营养化;形成多种海洋生物生长、栖息的局部稳定的小环境,达到增加生物多样性,恢复渔业资源的目的。

第五节 其他生态系统修复

一、海滩生态系统的修复

(一)海滩回填养护

海滩生态系统修复需要通过对海滩植被进行修复并进行海滩养护沉积物回填来实现。二者中,海滩回填对海岸环境影响较小,在国际上逐渐成为海岸防护、沙滩保护的主要方式。目前在美国,整个海岸防护总经费的 80% 以上被用于海滩回填养护。海滩回填已经成为一种常见的海岸防护措施,德国、法国、意大利、英国、日本等国家也都进行过大量的海滩回填工作。

海滩养护、补给或修复是指将沉积物输入一个海滩上以阻止进一步的侵蚀并为实现海洋防护、娱乐或更少有的环境目的而重建海滩。在一个侵蚀性的海滩环境中，海滩养护需要对前景进行预测，这是一个循环的过程，而在其他的地点可能一次实施就足够了。回填物可以来源于相连的沙滩、近岸的区域或内地，并沿着沙滩的外形堆积在许多地方。人造海滩的轮廓有别于天然斜坡，对建立鹅卵石海滩植被来说天然的斜坡是至关重要的，因为它可以减小发生剧烈侵蚀，从而破坏新建立的最易受到干扰的植被的可能性。养护方案设计，不应该是在一个大的连续的养护区域，而应该在不受干扰的沙滩上设置若干个散置的小回填场点，从而加速底栖动物的再度“定居”。

在养护之前应评价自然海滩的粒径分布，从而决定填充材料的规格。为了避免压实海滩从而威胁到底栖动物的生存，所以不能使用含细沙和淤泥（直径小于 0.15 mm）的填充材料（即使本土的海滩基底具有类似的粒径分布）。大多数的填充物是从近岸的海洋挖掘出来的，但是陆地沉积物的使用也取得了成功，例如，在美国南卡罗来纳州（South Carolina）的 Mytle 海滩的养护中工作人员使用了从内地挖掘的沙子，虽然开始的时候引起生物多样性减少，但是有些地方很快就复原，物种丰富度明显增加。

根据美国佛罗里达的 Sand Key 海滩养护计划的监测结果，建造方法是决定海滩表面密实度的关键因素。使用抽水泵抽取沉积物，并以泥浆的形式传送到养护场点比用挖掘斗提取沉积物再用一个传送带送到海滩的方法更能生产出密度大的海滩基底。尽管一个密实的海滩表面能够延长海滩养护计划的寿命，但用传送带方法生产的比较疏松的沉积物更有生态意义，尤其是在海龟筑巢或其他的动物可能会受到密实海滩表面的危害的地方。在英格兰的南海岸进行的鹅卵石海滩的养护由于在基底中使用了细颗粒材料，导致新建海滩的渗透性和流动性都不如原来的海滩。所以工作人员要指定使用适当粒径分布的填充物并选择合适的养护方法来避免建造过于密实的海滩表面。

物种的操作的时间和生物周期是决定海滩养护对动物区系影响的重要因素。例如，贝壳岩蛤冬天迁移到大陆架海面，春天再迁移回潮间带。所以如果养护的操作在春天进行就有可能阻碍它们的返回，导致整个季节中成年蛤的缺失。养护的操作对一些整个生活史都在海滩上的物种（包括很多片脚类动物）来说，无论时间安排如何，它们都将受到相当大的影响,而对一些靠浮游的幼虫在春天传播并定居的物种造成的损害能很快地修复。所以,海滩养护的操作应当在冬天进行,在去海面上越冬的成年动物返回之前以及春天浮游的幼虫定居前完成,当然海滩养护操作也应当避免在鸟类和海龟筑巢的时候进行。在海滩养护中,由于风力的搬运使用细沙会给附近的沙丘带来间接的影响。然而,养护中的沉积物较天然的海滩沙更难被风搬运。美国的工作人员在佛罗里达的 Perdido Key 进行了大量的海滩养护后,利用 Markovian 模型分析植被的演替过程表明现有的植被不受海滩养护的影响,而海滩养护对海滩底栖动物的影响远远大于对邻近植被的间接影响。

(二)改善植被

1. 打破种子休眠

许多海滩植物种子普遍具有继发性和先天性休眠特征,这是阻碍植被修复的一个重要因素。因此,对种子发芽和解除种子休眠的方法有所了解对于海滩植被的修复很有必要性。有些物种不适于直接播种,因此需要对种子在适当的条件下进行无性繁殖或是进行培养。一些如海洋旋花类的植物和海豌豆类植物的物种,种子外皮需要人为刻伤或软化,然后进行人工培养后种植。

2. 适宜的颗粒大小

Scott 描述了细颗粒组分与植被分布之间的关系,并认识到这个因素在控制英国鹅卵石海滩上植被分布的重要性。试验表明,在英国的 Sizewell 鹅卵石海滩上,基底组成是种子发芽幼苗的成活、容器种植植物生长及繁殖力的主要决定因素。在非常粗糙的基底上,种子被埋得太深以至于不能成功地生长出来。而且,基底保持营养成分和水分的能力较差,成年植物和幼苗的成活率都非常低。相对于鹅卵石海滩,沙质海滩的颗粒大小对植被建立的重要性要小得多。

3. 植被的结构和组成

滨海植被经常作为先锋沙丘植被来修复,主要是因为它能促进沙子和有机物质在海滩上的沉积。然而,有些一年生滨海植物,如猪毛菜容易被海水散播,并在一个季节内自然迁移。在美国加利福尼亚的西班牙湾海滩植被的修复中，猪毛菜虽然是外来种，但是由于它可以迅速成活并能固定沙子却不具有入侵性或竞争性，常被用作最初的先锋种。

4. 繁殖体来源

有证据表明海滩植物的种子能被海水远距离传播，重要的是种子或无性繁殖体的片段（Vegetative Fragments）能够从附近未受到干扰的地区迁移到被修复的海滩。在英国 Sizewell 海滩，本地的种子能够很容易地繁殖滨海植物，鹅卵石沙滩上的可发芽种子库非常小，这在很大程度上是由于种子自身的休眠所引起而不是缺少繁殖体所致。一些场所自身的特性因素决定了附近的区域能够提供适宜繁殖体的能力，如适宜的植被、盛行风向和潮流。

二、海岸沙丘生态系统的修复

固沙是沙丘生态系统修复的首要步骤，只有使沙丘固定之后，才能进行植物的重建和修复。否则，植物会被沙丘沙掩埋而导致死亡，使沙丘修复失败。固沙有生物固沙和非生物固沙两种，生物固沙需要和生物修复计划结合进行。

（一）生物固沙

在进行沙丘修复之前需要了解沙丘土壤的性质，因为它们决定植被类型。对被挖掘的沙子进行海滩供给是长期维持受侵蚀海岸的一种方法。通过海滩供给而增加的沙子需要在修复进行之前处置。对沙丘土壤的处置包括添加化学物质以改变酸度、脱盐作用以及添加营养物质。

沙丘修复应使用本土物种、避免外来种。外来种由于在本土生境中通常缺少捕食者和病原体来限制其生长，会改变本地生态系统功能、阻碍本地种的生长。对修复场点的长期管理包括控制和根除外来种。

使用快速生长的植物来固定沙丘是合理的，但是这也会引起对本地植物种的竞争或促进本地种的建立。这就需要工作人员对用于修复的本地植物要有深入的了解，比如种子的形成、发芽、幼苗的生长以及成熟体的相关问题等。

根据原生生境进行的修复需要进行长时期的管理，这包括：通过合理施用肥料保持沙丘草的旺盛生长，控制外来种入侵，引入有益物种以维持演替。为了促进演替,在海岸沙丘的修复过程中要不断地引入物种。引入物种要注意对引进种的控制,例如,沙棘的生长可以通过土壤线虫来控制。将线虫引入沙棘的根围(指围绕植物根系的在土壤中的一个区域)中就能控制其种群。建立固沙植物只是第一步,此后还要移植其他物种固定沙子。

进行海岸沙丘生态修复时通常需要考虑如下因素:所需沙子的类型,沙子的可用性(场点是否有足够的沙子,或是否需要运输),原来沙丘系统的位置和形状,可用资金,前沙丘的位置,残余沙丘的性质。同时,在修复之前评价各种沙丘植物种对肥料的吸收很重要。肥料的类型取决于物种,添加氮肥对沙丘草很重要,添加磷肥的反应则有所不同,在某些情况下无法观察到生长的增加。根据地点和季节的不同,合适的施肥速率也有所不同。施肥的时间选择很重要,一般与无性繁殖体的移植或种子的播种同时进行或紧随其后进行,从而实现高的成活率和植物的繁茂生长。因为沙丘保持营养的能力很差,快速释放的肥料会很快流失。而慢速释放的肥料具有在一段时间内逐渐释放的优点。但是它通常没有普通的快速释放的配方经济。过度施肥会导致生物多样性下降,促进外来种的建立,还会使草生物量的生产率增加。因此在对沙丘的长期管理中,应该考虑到肥料对物种间相互作用以及演替过程的影响。

(二)非生物固沙

可通过使用泥土移动装置,或建造固定沙子的沙丘栅栏来实现沙丘重建。使用沙丘栅栏比用泥土移动设备更经济,尤其是在比较遥远的地区。但是利用沙丘建筑栅栏形成沙丘的速度还取决于从沙滩吹来的沙子的数量。栅栏的材料应当是经济的一次性的和能进行生物降解的,因为栅栏会被沙子掩盖。使用一种最适宜的、50%有孔的材料制造栅栏能促进沙子的积累,这样的栅栏在三个月内可以积累3 m高的沙子。

化学泥土固定器被用于修复场所来暂时固定表面沙子,减少蒸发,并且降低沙子中的极端温度波动,通常在种子和无性繁殖体被移植之后使用。泥土固定器包括有浆粉、水泥、沥青、油、橡胶、人造乳胶、树脂、塑料等。但是用泥土固定器的缺点有它可能引起污染或对环境有害,且花费高,施用困难,下雨时流失物增加,有破裂的趋向以及在大风天气易飞起,可溶解有害的化学物质。

覆盖物可用来暂时固定沙丘表面，可使其表面保持湿润，且分解时增加土壤的有机物含量。可利用的覆盖物有碎麦秆、泥炭、表层土、木浆、树叶。覆盖物尤其适用于大面积修复，因为可以用机械铺垫。

（三）使用繁殖体

应在实施修复之前确定使用繁殖体（种子或者无性繁殖的后代）的优势和适宜性。

1. 使用无性繁殖后代

在欧洲，人们很早就尝试过在海岸沙丘种植沙丘植物的无性繁殖体用来固定沙丘，这种方法在苏格兰可以追溯到14世纪或15世纪。

沙丘上，沙丘草的无性繁殖后代可以从附近的沙丘上用机械或手挖掘。无性繁殖后代的供应场点应当尽可能邻近修复场点以减少运输费用，同时要对整个场点进行施肥以保证无性繁殖后代能够重新生长出来。挖出来的无性繁殖后代可以被直接移植到修复场点或是在移植前先在苗圃生长1~2年。

一个能生育的无性繁殖个体至少要包括叶子，并连有15~30 cm的根茎。移植时要注意不要破坏无性繁殖个体的叶子。运输过程中要将其保存在潮湿沙子中。修复场点要事先机械挖好深23~30 cm的沟渠。播种完成后，沟渠应填满沙子。

2. 使用种子

因为沙丘植物生产的种子很少，并且群落中生物也通常进行无性繁殖，所以种子的实用性经常成为一个限制因素。沙丘植物种子产量低主要是由于花粉亲和性差、胚胎夭折以及低密度的花穗，施肥可增加花穗密度。

收集种子可用手或特殊的收割机器，后者会给沙丘带来有害的影响。用手收集种子对沙丘影响较小，是收集小群落种子的理想方法。种子被存放之前应进行干燥、脱粒和清洁。修复过程中保持种类遗传多样性非常重要，应尽可能使用适应当地沙丘的物种的种子。一般最好选在种子的休眠期进行播种。可以使用种植机器进行播种，但是在陡峭的山冈上或是较小的修复场点手工播种更好。

大面积修复时使用本地沙丘植物的种子很有效，尤其是在能够机械播种且沙子的增长不是很快的地方。但是当种子的发芽不稳定或幼苗生长很慢时使用种子是不利的。被沙子埋没是危害沙丘上植物的一个主要因素,因此应紧贴沙子表层播种,这样种子发芽后,幼苗能够从沙子中冒出来。种植的最佳位置应使种子能很容易吸收水分,并能感觉到日气温变化。沙丘草的种类不同,植物体的潜能不太一样。机械播种可用普通的种子钻孔来实现,通常播种在春天或秋天完成,在播种完成之后要用履带式拖拉机使修复场点加固。

快速发芽对修复很有益。沙丘草的种子通常表现出休眠状态,对种子进行一段时间低温预处理能够减轻种子休眠,其他的促进休眠种子发芽的方法涉及对种子进行激素处理等。法国海岸沙丘的修复中人们就采用加斯科尼当地海岸松进行固沙造林,在大片海岸沙丘上结合枝条沙障(在近海岸流沙严重地段,竖起低级立式栅栏沙障以阻止沙丘前移,沙障完全按背风向落沙坡形状设计)进行直播造林。

参考文献

[1] 任一平 . 渔业资源生物学 [M]. 北京：中国农业出版社,2020.

[2] 王倩,李亚宁 . 渤海海洋资源开发和环境问题研究 [M]. 北京：海洋出版社,2018.

[3] 杨吝 . 南海周边国家海洋渔业资源和捕捞技术 [M]. 北京：海洋出版社,2017.

[4] 王海华 . 生态渔业 [M]. 北京：中国环境出版社,2016.

[5] 宋海棠,周婉霞 . 浙江渔场渔业资源概述 [M]. 北京：海洋出版社,2018.

[6] 沈长春,蔡建堤,戴天元,等 . 福建海区渔业资源可持续利用 [M]. 厦门：厦门大学出版社,2018.

[7] 宋利明 . 金枪鱼渔业资源与养护措施 :太平洋 [M]. 北京：中国农业出版社,2021.

[8] 朱清澄,花传祥 . 西北太平洋秋刀鱼渔业 [M]. 北京：海洋出版社,2017.

[9] 陈新军,丁琪 . 全球海洋渔业资源可持续利用及脆弱性评价 [M]. 北京：科学出版社,2018.

[10] 关道明,马明辉,许妍,等 . 海洋生态文明建设及制度体系研究 [M]. 北京：海洋出版社,2017.

[11] 陈燕,黄海,马军 . 海洋资源与生态环境理论及其问题研究 [M]. 青岛：中国海洋大学出版社,2019.

[12] 范英梅 . 海洋环境管理 [M]. 南京：东南大学出版社,2017.

[13] 胡劲召,卢徐节,徐功娣 . 海洋环境科学概论 [M]. 广州：华南理工大学出版社,2018.

[14] 刘洋 . 海洋管理及案例分析 [M]. 南京：东南大学出版社,2019.

[15] 朱红钧，赵志红．海洋环境保护 [M]. 东营：中国石油大学出版社，2015.

[16] 安鑫龙，李亚宁．海洋生态修复学 [M]. 天津：南开大学出版社，2019.

[17] 闫有喜．海洋环境污染及修复 [M]. 青岛：中国海洋大学出版社，2018.

[18] 李永祺，唐学玺．海洋恢复生态学 [M]. 青岛：中国海洋大学出版社，2016.

[19] 马成龙，单晨枫，李雪敏，等．海洋渔业资源保护与可持续利用 [J]. 黑龙江环境通报，2022，35（1）：22-23.

[20] 符思勐，鄢波．论海洋渔业资源的可持续利用和保护 [J]. 哈尔滨学院学报，2021，42（5）：41-44.

[21] 李泽善，刘依阳．新时代海洋渔业资源治理的理论探讨与实践 [J]. 海洋经济，2020，10（2）：28-34.

[22] 张涛．唐山海洋渔业资源现状分析及可持续发展利用策略 [J]. 河北渔业，2020（1）：54-56.

[23] 雷鑫．海洋渔业资源保护问题 [J]. 江西农业，2017（19）：106.

[24] 董文静，王昌森，韩立民．中国海洋渔业资源利用状况与管理制度研究 [J]. 世界农业，2017（1）：217-224.

[25] 石永闯．西北太平洋秋刀鱼（*Cololabis saira*）资源评估研究 [D]. 上海：上海海洋大学，2020.

[26] 施含嫣．浙江省海洋渔业资源可持续开发利用研究 [D]. 南昌：南昌大学，2020.

[27] 赵繁．新形势下舟山市渔业可持续发展研究 [D]. 舟山：浙江海洋大学，2019.

[28] 黄徐晶．浅析海洋渔业资源的保护和可持续利用 [J]. 农业与技术，2018，38（16）：102.

[29] 付秀梅，王晓瑜，薛振凯．中国近海渔业资源保护与海洋渔业发展的博弈分析 [J]. 海洋经济，2017，7（2）：9-16.

[30] 李照，许玉玉，张世凯，等．海洋溢油污染及修复技术研究进展 [J]. 山东建筑大学学报，2020，35（6）：69-75.

[31] 徐淑升，武江越，倪志鑫，等．微小污染物的监测和管控——以海洋微塑料为例 [J]. 海洋开发与管理，2022，39（1）：60-64.

[32] 汪新 . 微塑料对海洋环境和渔业生产的影响研究现状及防控措施 [J]. 渔业研究，2021，43（1）：89-97.

[33] 鞠茂伟，张守锋，党超，等 . 我国海洋塑料垃圾综合治理效能不断提升 [J]. 环境经济，2021（Z1）：94-97.

[34] 李道季，朱礼鑫，常思远 . 中国—东盟合作防治海洋塑料垃圾污染的策略建议 [J]. 环境保护，2020，48（23）：62-67.

[35] 高霆炜，杨明柳，宋超 . 海岸工程对北海铁山港红树林大型底栖动物群落的影响 [J]. 广西科学院学报，2021，37（3）：299-306.

[36] 刘亮，王厚军，岳奇 . 我国海岸线保护利用现状及管理对策 [J]. 海洋环境科学，2020，39（5）：723-731.

[37] 赵鹏，朱祖浩，江洪友，等 . 生态海堤的发展历程与展望 [J]. 海洋通报，2019，38（5）：481-490.

[38] 张帆，吴奕，李军 . 我国海洋牧场发展现状及价值链提升空间 —— 以青岛、烟台地区为例 [J]. 商业经济，2022（4）：46-47+135.

[39] 田涛，张明燡，杨军，等 . 国际化海洋牧场的体系构建及未来发展浅析 [J]. 海洋开发与管理，2021，38（11）：55-61.

[40] 李木子，曾雅，任同军 . 中国渔业增殖放流问题及对策研究 [J]. 中国水产，2021（9）：42-45.

[41] 朱建新，王虹，郭清辉 . 加大渔业增殖放流力度 严格规范增殖工作程序 [J]. 渔业致富指南，2021（6）：17-21.

[42] 李京梅，刘娟 . 海洋生态修复：概念、类型与实施路径选择 [J]. 生态学报，2022，42（4）：1241-1251.